普通高等教育“十三五”规划教材

土地资源管理应用型转型发展试点专业系列教材

ArcGIS 地理信息系统开发教程

主　编　毕天平　李海英

副主编　邵永东　李　琪

中国农业大学出版社

· 北京 ·

内容简介

《ArcGIS地理信息系统开发教程》一书，由沈阳建筑大学土地资源管理系的专任教师和ESRI（中国）信息技术有限公司沈阳分公司技术人员联合编写。本书是作者在总结多年地理信息系统教学、研究、培训和实际工程案例的基础上提炼而成。书中全面介绍了ArcGIS地理信息系统三类不同的开发方式，包括ArcGIS Desktop定制开发、ArcEngine开发和ArcGIS for Server开发。本书内容丰富，图文并茂，尤其注重对实践知识的运用和指导，为读者快速学习ArcGIS地理信息系统的开发提供了全方位的帮助，使读者在了解并掌握ArcGIS地理信息系统的开发方法的同时结合实例能比较全面地了解学习过程中的需求。

本书强调实践性、系统性、实用性与易读性的结合，可作为高等院校地理信息系统、地理学、测绘学、土地资源管理、城市管理等相关专业的教材，可为GIS研发工程师和软件开发工程师提供ArcGIS开发的学习教材，也可为科学研究、工程设计、规划管理、信息技术等部门的科技开发人员提供参考。

图书在版编目(CIP)数据

ArcGIS地理信息系统开发教程/毕天平，李海英主编.—北京：中国农业大学出版社，2019.6

ISBN 978-7-5655-2215-4

Ⅰ.①A… Ⅱ.①毕…②李… Ⅲ.①地理信息系统-应用软件-软件开发-教材 Ⅳ.①P208.2

中国版本图书馆CIP数据核字(2019)第096517号

书　　名　ArcGIS地理信息系统开发教程

作　　者　毕天平　李海英　主编

策划编辑　王笃利　　　　**责任编辑**　韩元凤

封面设计　郑　川

出版发行　中国农业大学出版社

社　　址　北京市海淀区学清路甲38号　　　　**邮政编码**　100083

电　　话　发行部 010-62818525，8625　　　　读者服务部 010-62732336

编辑部 010-62732617，2618　　　　出　版　部 010-62733440

网　　址　http://www.caupress.cn　　　　**E-mail**　cbsszs@cau.edu.cn

经　　销　新华书店

印　　刷　北京鑫丰华彩印有限公司

版　　次　2019年10月第1版　　2019年10月第1次印刷

规　　格　787×1092　16开本　11.75印张　270千字

定　　价　36.00元

图书如有质量问题本社发行部负责调换

编写人员

主　编

毕天平(沈阳建筑大学)

李海英(沈阳建筑大学)

副主编

邵永东(辽宁省自然资源事务服务中心)

李　琪(辽宁省自然资源事务服务中心)

参　编

邱明浩(沈阳建筑大学)

程　明(ESRI(中国)信息技术有限公司沈阳分公司)

李晓光(ESRI(中国)信息技术有限公司沈阳分公司)

郭喜军(ESRI(中国)信息技术有限公司沈阳分公司)

总　　序

2015 年 10 月 21 日，国家教育部、国家发改委、财政部联合发布了《关于引导部分地方普通本科高校向应用型转变的指导意见》(教发〔2015〕7 号)，该《指导意见》要求，各地各高校要从适应和引领经济发展新常态、服务创新驱动发展的大局出发，切实增强对转型发展工作重要性、紧迫性的认识，摆在当前工作的重要位置，以改革创新的精神，推动部分普通本科高校转型发展。推动转型发展高校把办学思路真正转到服务地方经济社会发展上来，转到产教融合校企合作上来，转到培养应用型技术技能型人才上来，转到增强学生就业创业能力上来，全面提高学校服务区域经济社会发展和创新驱动发展的能力。

辽宁省本科高校向应用型转变试点工作自 2015 年启动，首批支持了 10 所高校 116 个专业开展学校和专业向应用型转变试点工作，2016 年又有 11 所高校 84 个专业遴选确定为第二批转型试点学校和专业。沈阳建筑大学土地资源管理专业则作为辽宁省第二批转型发展试点专业于 2016 年开始进行建设。

土地资源管理专业是一个实践性、应用性很强的专业，其人才培养必须适应社会和市场实际需求，既要掌握专业理论知识，又要具有实际操作能力，该专业本身的特点特别适合于向应用型转变。但真正实现向应用型转变，需要在专业培养方案制订、师资队伍建设、教学资源保障、校企合作发展、教学模式改革、创新创业教育等多方面进行调整、改革和转变。其中应用型教材建设是专业转型发展的重要基础和保证。为此，我们联合了辽宁省土地整理中心、辽宁省国土资源调查规划局、辽宁省建设用地事务局、沈阳市地产咨询评估中心等单位策划编写了这套土地资源管理应用型转型发展试点专业系列教材。

本系列教材编写团队成员具有较强的专业理论知识和实践经验，充分结合了高校教师强理论与行业单位强实践的优势，教材内容在全面介绍专业基本知识和理论的同时，特别重视方法应用、案例分析和实践能力的培养。本系列教材作为土地资源管理转型发展试点专业建设的重要成果，希望能为应用型土地资源管理人才培养发挥重要作用。

孔凡文

2017 年 9 月

前　言

地理信息系统(GIS)是近年来随着地理学、地图学和计算机科学的不断发展而形成的一门新的交叉学科,它是在计算机辅助地图制图的基础上,借助信息技术对地理空间信息进行管理和应用的一门学科。地理信息系统学科的发展非常迅猛,目前已经应用到国土资源管理、交通工程、土木工程、森林科学、海洋科学、国防军事等诸多领域。我国许多大学、科研机构和应用部门,正在从事 GIS 方面的教学、研究和应用开发工作,使 GIS 成为现代地学发展的强有力技术工具和定量化的重要途径之一。作为一门高新技术,地理信息系统已引起我国科技界,特别是地理学界的广泛重视。ArcGIS 是美国 ESRI 公司研发的世界领先的 GIS 产品家族,宗旨是为用户提供一套完整的、开放的企业级 GIS 解决方案。ArcGIS 也是世界范围内 GIS 教学和科研人员常用的实践工具软件。

为了适应建设科技创新型国家和高等学校对地理信息系统教学的需要,满足在校大学生和教学科研人员的学习要求,特组织编写这本书。本书从分部操作的角度,重点介绍了 ArcGIS 地理信息系统 3 类不同的开发方式,包括 ArcGIS Desktop 定制开发、ArcEngine 开发和 ArcGIS for Server 开发。本书内容丰富,图文并茂,尤其注重对实践知识的运用和指导,为读者快速学习 ArcGIS 地理信息系统的开发提供了全方位的帮助,使读者在了解并掌握 ArcGIS 地理信息系统开发方法的同时结合实例比较全面地了解科研和学习过程中的需求。

按照由易到难、循序渐进的讲解方式,全书共分 4 章,第 1 章 ArcGIS 开发基础(毕天平编写),主要讲述 ArcGIS 开发基础、ArcObjects 基础;第 2 章 ArcGIS Desktop 定制开发(毕天平、李海英编写),主要讲述如何对 ArcGIS 桌面产品进行界面定制和利用 C# 开发的 COM 组件来扩展 ArcGIS Desktop;第 3 章 ArcEngine 开发(邵永东、李琪编写),主要讲述利用 ArcEngine 技术来开发 GIS 的应用程序,介绍属性查询、空间查询、叠置分析、地图编辑等具体功能的开发方式,同时给出了 GIS 应用的构建过程;第 4 章 ArcGIS for Server 开发(毕天平、邱明浩编写),主要讲述利用 ArcGIS API for Javascript 技术开发 WebGIS 应用程序,重点介绍 ArcGIS API for Javascript 的应用开发环境搭建、基础入门以及地图服务访问和地图操作等内容。

本书在编写过程中参考了国内外一些已出版和发表的著作和文献,以及专家学者的论述和建议,吸取和采纳了一些经典的和最新的实践案例成果,也吸纳了辽宁省第二批转型发展试点专业的建设成果。

佟琳、张立楠、孙强、周菲、杨笑笑、刁显喆、朱一姝、孙雪婷等来自沈阳建筑大学的研究生,以及程明、季晓光、郭喜军等来自 ESRI(中国)信息技术有限公司沈阳分公司的技术人员参与了本书的编写和校对工作,在此一并表示衷心感谢!鉴于地理系统涉及的知识面非常广泛,而我们的水平有限,书中如有不妥之处,恳请广大读者批评指正。

2018 年 12 月

编　者

目　　录

Chapter 1

第1章 ArcGIS开发基础

1.1 ArcGIS介绍

ArcGIS是ESRI在全面整合了GIS与数据库、软件工程、人工智能、网络技术及其他多方面的计算机主流技术之后，成功推出的代表GIS最高技术水平的全系列GIS产品。ArcGIS是一个全面的、可伸缩的GIS平台，为用户构建一个完善的GIS系统提供完整的解决方案。无论是在桌面、服务器，还是在野外，ArcGIS的基本体系能够让用户在任何需要的地方部署GIS功能和业务逻辑。

（1）桌面GIS（ArcGIS Desktop） ArcGIS桌面GIS软件产品用来编辑、设计、共享、管理和发布地理信息和概念。ArcGIS桌面可伸缩的产品结构，从ArcReader向上扩展到ArcView、ArcEditor和ArcInfo。目前ArcInfo被公认为是功能最强大的GIS产品。通过一系列可选的软件扩展模块，ArcGIS Desktop产品的能力还可以进一步得到扩展。

（2）嵌入式GIS（Embedded GIS） ArcGIS Engine是一个完整的嵌入式GIS组件库和工具包，开发者能用它创建一个新的或扩展原有的可定制的桌面应用程序。使用ArcGIS Engine，开发者能将GIS功能嵌入已有的应用程序中，如基于工业标准的产品以及一些商业应用，也可以创建自定义的应用程序，为组织机构中的众多用户提供GIS功能。

（3）服务器GIS（Server GIS） ArcGIS Server、ArcIMS和ArcSDE用于创建和管理基于服务的GIS应用程序，在大型机构和互联网上众多用户之间共享地理信息。ArcGIS Server是一个中心应用服务器，它包含一个可共享的GIS软件对象库，能在企业和Web计算框架中建立服务器端的GIS应用。ArcIMS是通过开放的Internet协议发布地图、数据和元数据的可伸缩的网络地图服务器。ArcSDE是在各种关系型数据库管理系统中管理地理信息的高级空间数据服务器。

(4)移动 GIS(Mobile GIS)　ArcPad 支持 GPS 的无线移动设备,越来越多地应用在野外数据采集和信息访问中。

1.2 ArcObjects 基础

1.2.1 ArcObjects 简介

ArcObjects 是 ESRI 公司 ArcGIS 系列产品的开发平台,它是基于 Microsoft COM 技术所构建的一系列 COM 组件产品。ArcObjects 不是为最终用户,而是专门为开发人员提供的二次开发软件,通过 ArcObjects,用户可以非常方便地开发出功能强大的 GIS 应用系统。到 ArcGIS 8.3 为止,ArcObjects 还不是一个独立的应用产品,而是捆绑在用户购买的 ArcGIS Desktop 的任何一个产品上,不管是 ArcView 还是 ArcInfo,都将拥有功能强大的 ArcObjects 组件集,利用 ArcObjects 提供的组件对象可进行应用开发。从 ArcGIS 9.0 开始,ESRI 推出了 ArcEngine,该产品使 ArcObjects 可以作为独立的产品进行发布和使用。

ArcObjects 是一套 ArcGIS 可重用的通用的二次开发组件产品,它可以用于大量开发框架中,包括流行的 .NET、Visual C++、Visual Basic、Delphi 等开发环境,因此开发人员可以在自己熟悉的环境中利用 ArcObjects 开发 GIS 应用。

ESRI 公司将其软件使用 COM 技术重新构建以后,于 1999 年重新推出了全新的 GIS 产品 ArcInfo 8。2001 年,ArcGIS 8.1 出现了。2004 年,ArcGIS 的版本变为 9。2010 年,发布 ArcGIS 10。2018 年 ESRI 推出了 ArcGIS 10.6。ArcGIS 是一套全面的、完善的和可伸缩的软件平台。如图 1-1 所示,ArcGIS 软件体系分为 4 个部分:桌面版 GIS、嵌入式

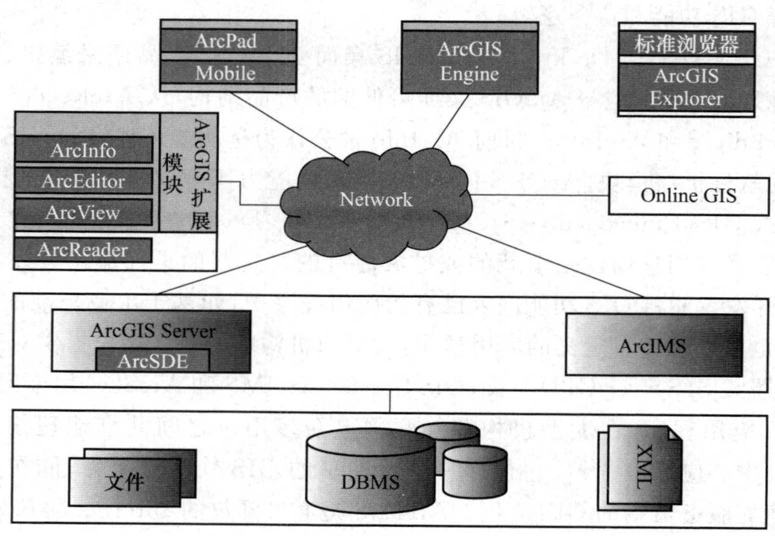

图 1-1　ArcGIS 软件组织结构图

GIS、服务器GIS和移动GIS。桌面版GIS，嵌入式GIS、服务器GIS的一部分，都是使用ArcObjects开发的，这些GIS程序正是通过ArcObjects组件对象来获取数据，完成地理分析任务并输出地图的。

桌面版GIS是一套完整的、可升级的软件系统。在这套软件系统中，功能最弱的是ArcReader，它是一个免费分发的用于查看地图的软件。比它功能强大的依次是ArcView、ArcEdit、ArcInfo。ArcView、ArcEdit和ArcInfo并不是一个软件的名称，它是桌面版GIS的一种版本代码，这3种版本的软件系统都是由ArcMap、ArcCatalog、ArcScene等单个软件组成的，但是它们包含的GIS功能不一样。在3种版本中，ArcView的功能最弱，ArcInfo的功能最强，还包含了ArcGIS全部的GIS功能，当然后者的费用也远远高于前者。

在全新的ArcGSI桌面版软件中，数据的显示分析和制图使用ArcMap软件来完成，数据的管理使用ArcCatalog来实现，而数据的转换和空间运算等操作则通过ArcToolBox来进行。与以前的版本不同，在ArcGIS 9之后的版本中，ArcToolBox不再作为一个单独的软件出现，它是前两个程序的一部分。除此以外，ArcGIS 9中还有用于三维分析的软件ArcScene、ArcGlobe和用于阅读地图的ArcReader软件，前两个软件必须有3D模块支持才可以使用。ArcGIS 9产品系列如图1-2所示。

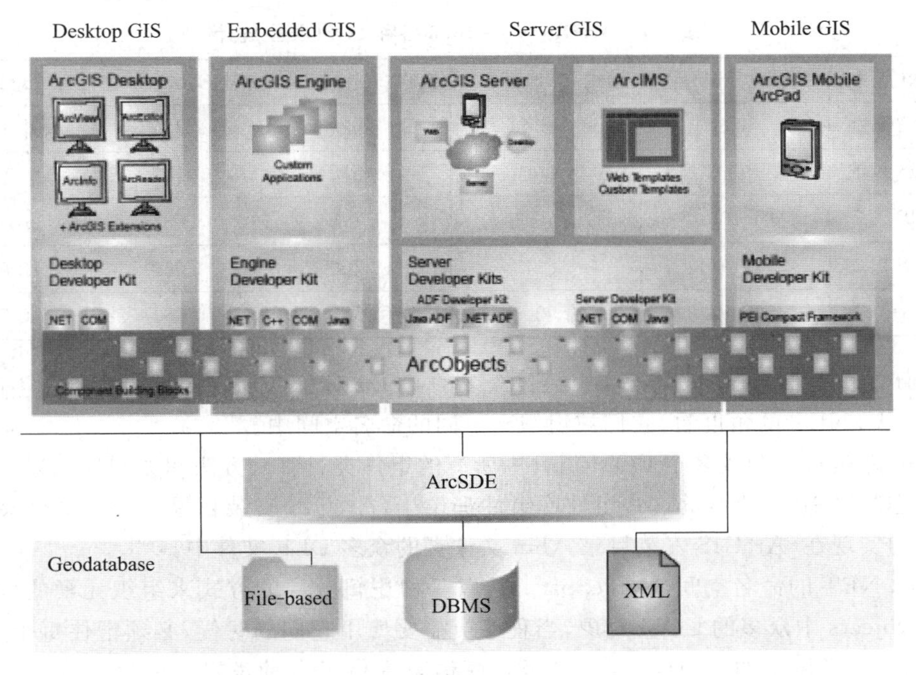

图1-2　ArcGIS 9产品系列

嵌入式GIS产品是ArcGIS Engine，由于使用桌面版的ArcObjects开发出来的程序仍然无法脱离ArcGIS平台，处于产品战略上的考虑，ESRI认识到只有让终端用户得到更多实惠才能够更进一步拓展市场，他们将ArcObjects中的一些组件单独打包出来，并把它命名为ArcGIS Engine(AE)。AE是一套用于构建应用的嵌入式GIS程序的组件库，使用它开发的程序不需要安装桌面版的程序，它运行只需要购买单独的 Runtime 就可以了，这套产品在灵活性和费用上都比较有优势。除此以外，AE 还提供了 Java API 供 Java 程序员使用，这点是使用 Desktop 版本的 ArcObjects 开发所不支持的。

服务器 GIS 可以通过网络发布地理信息，它包括 ArcGIS Server、ArcIMS 和 ArcSDE。ArcGIS Server 通常用于构建企业级别的互联网 GIS 应用；ArcIMS 则是一个可定制扩展的，能够在网络上发布地理信息的网络地图发布系统；ArcSDE 是一个空间数据引擎，它可以用于管理关系数据库，以实现地理数据的海量存储等高级特性。

移动 GIS 提供了移动领域内的 GIS 应用方案，ArcPad 提供了从地理信息创建到访问的功能。

学习 ArcObjects 的程序员，必须熟练掌握 ArcGIS 软件的一般操作，尤其是 ArcMap 和 ArcCatalog 两个软件，这对于 ArcObjects 的开发学习是大有裨益的。

1.2.2 ArcObjects 组件库

ArcObjects 是一套庞大的 COM 组件集合，ArcGIS 9.0～10.0 各种 COM 类型统计见表 1-1。

表 1-1 ArcGIS 9.0～10.0 各种 COM 类型统计

ArcGIS 版本	枚举(Enums)	结构体(Structs)	接口(Interfaces)	类(Classes)	总计
ArcGIS 9.0	628	35	3 029	2 322	6 014
ArcGIS 9.1	933	36	3 918	3 043	7 930
ArcGIS 9.2	1 100	40	4 798	3 832	9 770
ArcGIS 9.3	1 195	51	5 206	4 050	10 502
ArcGIS 10.0	1 053	93	5 555	4 081	10 782

为了更好地管理 ArcObjects 中数目众多的 COM 对象，ESRI 将它们放置在不同的组件库中，从 .NET 的角度看，它们被组织到不同的命名空间中。

组件库是对一个或多个 COM 组件中所有的组件类、接口、方法和类型的描述，这种描述是二进制级别的，所有的这些组件库组件都位于〈ArcGIS 安装目录〉\com 文件夹中，而其真正的实现在〈ArcGIS 安装目录〉\bin 文件夹的众多 DLL 文件中。

C#.NET 的命名空间(NameSpace)是以一种逻辑分层的方式来组织元素的方法，对于 ArcObjects 中众多的 COM 对象，当程序员需要使用它们的时候，必须记住每个对象的名字，这是非常困难的。因此，许多高级程序语言提供了一种逻辑上的聚合方法，以实现更高层次的组件管理。

命名空间将功能相同或者相似的 COM 对象在逻辑上松散组织起来，在 ArcObjects 中，众多的组件放在不同的命名空间。如果要进行地理数据操作，需要引入 GeoDatabase 等相关的命名空间；如果涉及几何形体对象的处理，就需要引入 Geometry 等命名空间。这种方法让程序员在寻找具体的 COM 对象时更有目标性。

ArcGIS Desktop版本的ArcObjects核心对象被放在53个组件库中，不同的组件库的功能是不一样的。作为一名程序员，熟悉所有的ArcObjects组件库是一件不可能的事情，但是读者应该在了解一些最基本的组件库后，在将来的实际开发过程中继续学习需要掌握的组件库。

在这些命名空间中，有一些是经常使用到的，如Carto、Geomtry、System、SystemUI、Framework等，需要程序员熟练掌握。如果不记得某个接口或对象属于哪个命名空间的时候，可以通过开发帮助查找到。

学习ArcObjects的过程，也就是不断了解这些组件库本身以及库与库之间关系的过程。本书将介绍一些最核心的组件库，以给读者大致了解ArcObjects提供帮助。

(1)System库　System库(即ESRI.ArcGIS.esriSystem名称空间)是ArcGIS框架中最底层的一个库，它提供了一些可以被其他组件库使用的组件。这些组件都是非常基本的，如数组(Array)、集合(Set)、XML对象、Stream对象、分级(Classify)对象和数字格式(NumberForamt)对象等。

数组和集合都是基本的数据单元；XML对象则给ArcObjects提供了操作XML类型文件的能力；Stream对象可以将数据以流的形式保存为任何格式的文件。

分级对象和数字格式对象都和数值数据有关。前者是使用统计函数将数值数据进行不同类型的分级，这个对象大多使用在分级角色中；后者可以让输出的数值的格式互相转变，如角度转弧度、设置小数点等。

(2)SystemUI库　SystemUI库(即ESRI.ArcGIS.esriSystemUI名称空间)定义了一些被ArcGIS用户界面组件所使用的对象，如ICommand、ITool等。在第2章中将专门介绍这些程序界面定制的内容。

(3)Geometry库　Geometry库(即ESRI.ArcGIS.Geometry名称空间)包含了核心的几何形体对象，如点、线、面等，即在ArcObjects中的要素和图形元素的几何形体都可以在这个组件库中寻找到。除此以外，这个库还包含了参考对象，包括GeographicCoordinateSystem(地理坐标系统)、ProjectedCoordinateSystem(投影坐标系统)和GeoTransformations(地理变换)对象等。

几何形体对象和空间参考内容，都是ArcObjects中比较重要的部分，本书将有专门的章节讲述。

(4)Display库　Display库(即ESRI.ArcGIS.Display名称空间)包含在输出设备上显示图形所需要的组件对象，它包括Display对象、Color对象、ColorRamp对象、DisplayFeedback对象、RubberBand对象、Tracker对象和Symbol对象。

这个库中的对象主要负责GIS数据的显示，如Color和ColorRamp对象可以产生颜色对象，它配合Symbol对象，可以对地理数据进行符号化操作，以产生丰富多彩的地图。Symbol对象是用于修饰几何形体对象的，任何一种几何形体都必须使用某种Symbol才能显示在视图上。

Display对象直接管理地理数据的绘制和显示，DisplayFeedback则是ArcObjects中可以使用鼠标与地理视图进行交互的对象，它的内容非常庞大，可以用于绘制图形或移动图形等高级任务。RubberBand对象则相当于一个“橡皮筋”，可以用于在Display对象上绘制丰富的几何形体对象，如 Circle、Rectangle、Polyline 和 Polygon 等。

(5)DisplayUI 库　DisplayUI 库(即 ESRI. ArcGIS. DisplayUI 名称空间)提供了具有可视化界面的对象用于辅助图形显示，它包括 PropertyPages(属性页)对象和 StyleGalleryClass 对象，前者可以用于设置 Symbol 对象，而后者则可以用于管理和获取 Style(样式)和 Symbol(符号)对象。

(6)Controls 库　Controls 库包含了在程序开发中可以使用的可视化组件对象，如 MapControl、PageLayoutControl 等，Controls 库分为以下 7 个子库：

MapControl：对应 ESRI. ArcGIS. MapControl 名称空间。

PageLayoutControl：对应 ESRI. ArcGIS. PageLayoutControl 名称空间。

TOCControl：对应 ESRI. ArcGIS. TOCControl 名称空间。

ToolbarControl：对应 ESRI. ArcGIS. ToolbarControl 名称空间。

ControlCommands：对应 ESRI. ArcGIS. ControlCommands 名称空间。

ReaderControl：对应 ESRI. ArcGIS. ReaderControl 名称空间。

LicenseControl：对应 ESRI. ArcGIS. LicenseControl 名称空间(ArcGIS 9.1 版本才开始提供)。

本书后面有专门章节详细阐述 ArcGIS 控件及应用开发。

(7)ArcMapUI 库　ArcMapUI 库(即 ESRI. ArcGIS. ArcMapUI 名称空间)中的对象为 ArcMap 程序提供了某些可视化的用户界面，这些对象不能在 ArcMap 之外使用。IMxApplication 和 IMxDocument 接口都被定义在这个库中，但是它们的实现却在 ArcMap 库，ArcMap 的 TOC(Table Of Cotents，内容表)对象也是在这个库中被实现的。

程序员可以扩展这个库的内容，为 ArcMap 程序产生自定义的命令或工具。

(8)Framework 库　ArcGIS 程序存在一个内在的框架，所有的 ArcObjects 组件对象都在这个框架中扮演了不同的角色，它们的协作可以完成 ArcGIS 提供的 GIS 功能。这个框架中的某些核心对象被放置在 Framework 库中。

Framework 库(即 ESRI. ArcGIS. Framework 名称空间)提供了 ArcGIS 程序的某些核心对象和可视化组件对象，这个库中的一些对象可以让 ArcGIS 程序扩展它们的定制环境，以改变 ArcGIS 程序的外观界面。同时，这个库中也提供了诸如 ComPropertySheet、ModelessFrame 和 MouseCursor 等对象，它们是一些对话框，用于在 ArcGIS 上实现用户的交互。

Application 对象是 ArcGIS 程序的核心，它掌握着 ArcGIS 程序的生命周期和管理扩展对象；DockableWindows 是 ArcGIS 中的可停靠窗体；TOC 对象就是一种可停靠窗体，它也被定义在这个库中。CommandBars 和 Commands 对象也在这个库中定义，它们可以用于用户定制某些命令，这些内容将在第 2 章中详细探讨。

Framework 库不能被扩展，但是程序员可以通过实现在库中定义的某些接口来使用 UI 组件扩展 ArcGIS 程序。

(9)Carto 库　Carto 库(即 ESRI. ArcGIS. Carto 名称空间)包含了为数据显示服务的各种组件对象，如 MapElements(包含 Map 对象的框架容器)，Map 和 PageLayout(地理数据和图形元素显示的两个主要对象)，MapSurrounds(与一个 Map 对象相关联的用于修饰地图的对象集），MapGrids（地图网格对象，用于设置地图的经纬网格或数字网格，起到修饰地图的作用），Renderers（着色对象，用于制作专题图），Labeling，Annotation，Dimensions（标注对象，用于修饰在地图上产生文字标记以显示信息），Layers（图层对象，用于传递地理数据到 Map 或 PageLayout 对象中去显示），MapServer，ArcIMS Layers、Symbols 和 Renderers，GPSSupport 等。

（10）CartoUI 库　CartoUI 库（即 ESRI. ArcGIS. CartoUI 名称空间）中的对象也是为了数据显示服务的，在 ArcObjects 中所有的以 UI 结尾的库中的对象都具有可视化的界面。CartoUI 库中包含了诸如 IdentifyDialog、SQLQueryDialog、QueryWizard 等对象，这些对象都以一个对话框的形式出现。本书会在后面章节中讨论如何使用 IdentifyDialog 对象来获取地理对象的信息。

（11）GeoDatabase 库　GeoDatabase 库（即 ESRI. ArcGIS. GeoDatabase 名称空间）中包含的 COM 对象是用于操作地理数据库的，地理数据库是一种在关系型数据库和面向对象型数据库基础上发展起来的全新的地理数据库模型，它被称为“第三代地理数据库”。

这个库中的对象包括核心地理数据对象，如 Workspace（工作空间）、Dataset（数据集）等；它还包含了几何网络、拓扑、TIN 数据、版本对象、数据转换等多方面的丰富内容。

这些对象由于数目众多，而且在 ArcObjects 中占据极为重要的位置，本书在后面有专门的章节对它们进行介绍。

（12）DataSourcesFile 库　地理数据保存在不同形式的文件中，如 Coverage、Shapefile 和 CAD 文件都是以普通二进制文件形式保存的。为了在 GIS 程序中获取这些格式的数据，需要使用特定的 WorkspaceFactory（工作空间工厂）对象来打开这些数据。

DataSourcesFile 库（即 ESRI. ArcGIS. DataSourcesFile 名称空间）中的对象正是起到打开文件格式地理数据的作用。

（13）DataSourcesGDB 库　DataSourcesGDB 库（即 ESRI. ArcGIS. DataSourcesGDB 名称空间）中的 COM 对象用于打开数据源为 Access 数据库或任何 ArcSDE 支持的大型关系数据库的地理数据，这个库中的对象不能被开发者所扩展。

DataSourcesGDB 库中的主要对象是工作空间工厂，一个工作空间工厂可以让用户在设置了正确的连接属性后打开一个工作空间，而工作空间就代表了一个数据库，其中保存着一个或者多个数据集对象，这些数据集包括表、要素类、关系类等。这个库中的对象主要有 AccessWorkspaceFactory，用于打开一个基于 Access 数据库的 Personal GeoDatabase；ScratchWorkspaceFactory，用于产生一个临时的工作空间，用于存放选择集对象；SdeWorkspaceFactroy，用于打开 SDE 数据库。

（14）DataSourcesOleDB 库　DataSourcesOleDB 库（即 ESRI. ArcGIS. DataSourcesOleDB 名称空间）中的对象具有专门的 API 函数，用于操作任何一种支持 OleDB 的数据库。这些数据库类型非常丰富。在这个库中还可以使用 TextFileWorkspaceFactory 对象来打开一个文本文件，这对于 GIS 载入某些文本数据，如坐标文件等非常有用。

除此以外，DataSourcesOleDB 库还提供了一种使用 ADO 连接已经存在的工作空间的方式，它是一种高效数据获取方法。

(15) DataSourcesRaster 库　DataSourcesRaster 库（即 ESRI. ArcGIS. DataSourcesRaster 名称空间）中的 COM 对象用于获取保存在多种数据源中的栅格数据，这些数据源包括文件系统、个人地理数据库或者企业地理数据库（SDE 数据库），这个库还提供了用户栅格数据转换等功能的对象。

(16)Output 库　Output 库（即 ESRI. ArcGIS. Output 名称空间）包含了 ArcObjects 所有的输出对象，它包括两大类，即打印输出对象 Printer 和转换输出对象 Export。前者可以将视图上的地图通过打印机进行输出，而后者包含的丰富对象，可以将地图转换为多种格式的矢量或栅格形式的数据，如 EMF、PDF、JPEG、TIFF 等。

在 ArcObjects 组件库中，除了 SystemUI 库外，其他以 UI 结尾的库都是属于 Desktop 版本专用的，它们负责实现 ArcGIS Desktop 程序的"用户界面"，只能用于基于 Desktop 版本的开发之中。

介绍 ArcObjects 中的这些组件库，是为了让读者对 ArcObjects 庞大的结构有感性的认识，初步了解自己需要解决的问题可能在什么地方得到答案。对于 ArcObjects 组件库的深入学习，理解库内众多对象之间的关系、库与库之间的关系，是贯穿本书的一条主线。ArcObjects 的学习，就是为了了解这些关系，只有掌握了这条脉络，ArcObjects 程序员才能够提纲挈领，更快地理解 ArcObiects 的方方面面。

1.2.3　理解对象模型图

要学习基于 COM 标准的 ArcObjects，阅读对象模型图（Object Model Diagram，OMD）是基本的功力，通过阅读 ArcObjects 的 OMD，可以很快地熟悉 ArcObjects 的结构和不同组件之间的关系。

OMD 是基于 UML（Unified Modeling Language，统一建模语言）的，它补充了在对象浏览器中看不到的信息。OMD 好比城市的道路图，可以帮助程序员来了解类之间的关系，如何从一个类到另一个类，选择正确的接口，获取需要的属性和方法等，这对于走出 ArcObjects 迷宫有非常重要的帮助。

ESRI 提供了多种方法让用户了解 ArcObjects 组件及不同组件之间的关系，其中一种是它自己开发的对象浏览器（ESRI Object Browser）。在 VS. NET 环境中，可以使用对象浏览器来查看 ArcObjects 组件库中各种对象有关信息，对象浏览器如图 1-3 所示。

另一种方法就是 ESRI 提供的一系列 OMD 的 PDF 文件。这些文档以更加直观的方法揭示了 ArcObjects 的内部结构。ArcObjects 程序员在学习 ArcObjects 二次开发中，应该养成一个良好的阅读 OMD 的习惯。灵活地使用对象浏览器、开发帮助和 OMD 图，是熟悉和掌握 ArcObjects 的最佳途径。

1.2.3.1　类与对象

在 ArcObjects 中存在 3 种类型的类：抽象类（Abstract Class）、组件类（CoClass）和普通类（Class）。

抽象类不能用于产生一个新的对象，但是可以用于定义一个子类。

组件类是一个可以直接创建对象实例的类，它的实例对象不依赖其他对象的存在而

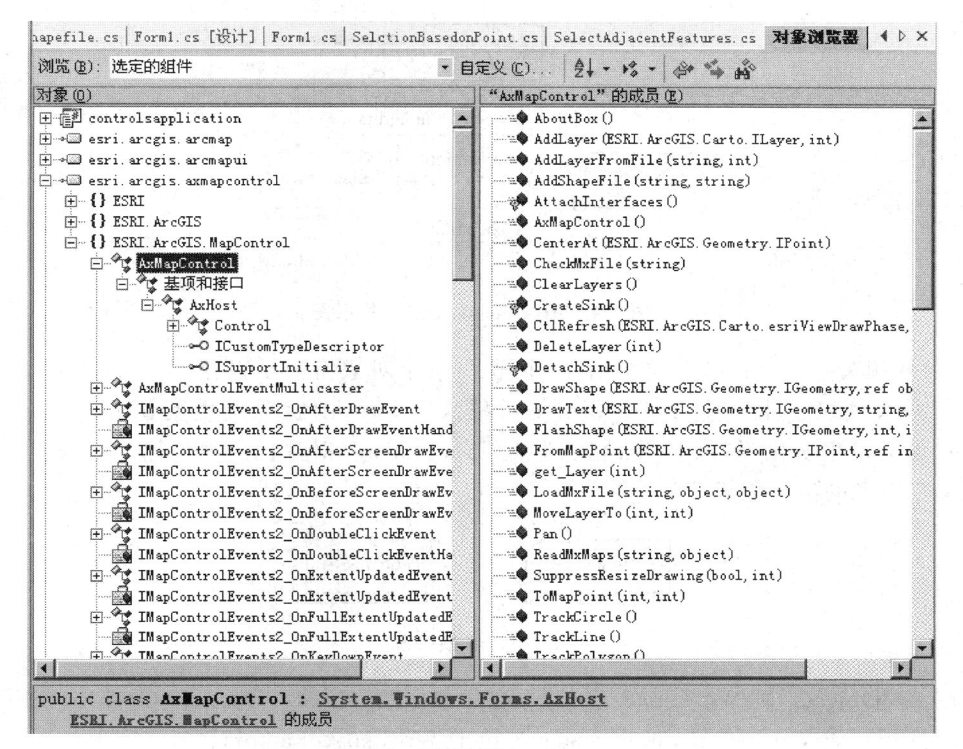

图 1-3　ESRI Object Browser

存在，其生存周期也不用其他对象的对象管理。在 C#.NET 环境中，可以使用这样的语句：

```
IMap pMap = new MapClass();
```

这里的 MapClass 就是一个组件类，它可以使用 new 关键字来产生一个对象 pMap。

普通类不能直接产生一个对象，但它可以用其他的普通类或组件类的方法产生，而不是使用 new 关键字来完成。如下面的例子，A 和 B 为普通类对象，C 为组件类对象，D 为一个普通类，如下面的代码：

```
A = B.writeA( );   正确
A = C.writeA( );   正确
A = new D( );   不正确，普通类不能通过 new 方法产生
```

A 可以由 B 和 C 的 writeA 方法产生，A 的生命周期是由产生它的对象 B 和 C 控制的，如果 B 或 C 对象在内存中被释放了，则此对象也将从内存中消失。

上面的例子对于读者了解这 3 种类之间的关系是非常有用的。很多初学者在写代码的时候往往搞不清楚它们能否直接产生一个对象，看了上面的介绍，应该可以理解其中的关系了。

1.2.3.2　类与类之间的关系

ArcObjects 的类之间存在着不同的关系，它们通过 UML 都可以描述出来。这些关系主要分为 4 种，即依赖关系、关联关系、组合关系和类型继承。图 1-4 是 OMD 中的类结构关系，它们是理解整个 OMD 的基础和掌握 ArcObjects 的关键。

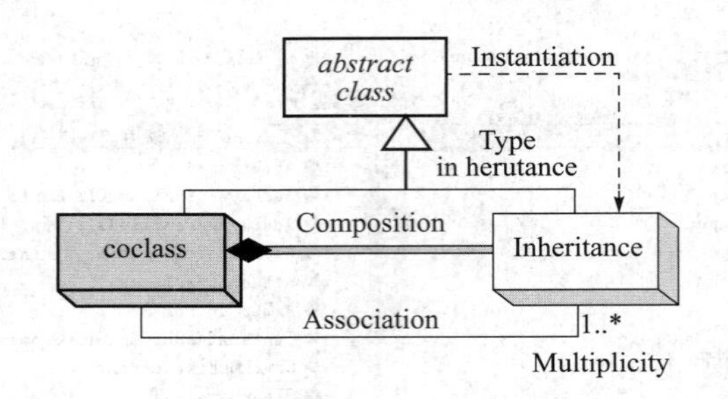

图 1-4　ArcObjects 类结构关系图

（1）依赖关系　如图 1-5 关系所示，它表明一个对象有方法产生另一个对象，如 Pole 有一个方法可以产生一个 Transformer 对象。当 Pole 的状况发生变化的时候，Transformer 也会发生变化，如果 Pole 消失，那么 Transformer 对象也会消失掉。即前者的生命周期决定后者的生命周期。

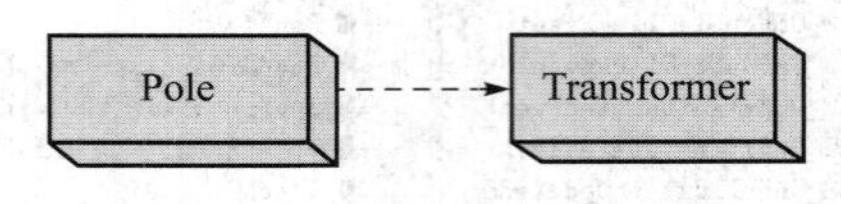

图 1-5　依赖关系

在 ArcObjects 中，WorkspaceFactory 有 3 个方法（Create、Open 和 OpenFromFile）来创建或打开一个 Workspace，Workspace 依赖于 WorkspaceFactory。

（2）关联关系　如图 1-6 所示，图中的两个对象是松散的关联关系，可以从一个类的对象访问到另一个类的对象。如一个土地所有者可能有多块土地，一块土地也可能被多个所有者拥有，当其中一个不存在时，另一个不会消失。

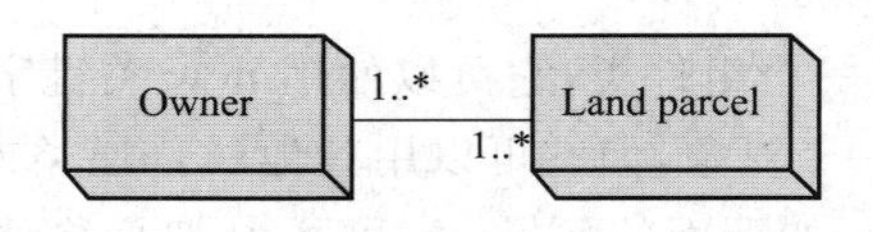

图 1-6　关联关系

关联关系是有方向的，如果只存在一个方向，称为单项关联；如果是两个方向都存在的关系，则称为双向关联。

在 ArcObjects 中，关联关系也很普遍，如 Workspace 与 Dataset、Table 与 Fields、MapControl 与 Map 的关系等。

（3）组合关系　如图 1-7 所示，图中的两个对象属于紧密的组合关系。Crossarm 是 Pole 的一部分，当 Pole 消失的时候，Crossarm 也将不复存在。读者可以认为左边的 Pole 是一个集合，右边的 Crossarm 是这个集合内的一个对象，当集合为 null 的时候，集合内的对象也是 null，即 Crossarm 的生命周期由 Pole 对象控制，但 Crossarm 的产生不受 Pole 对象的控制。

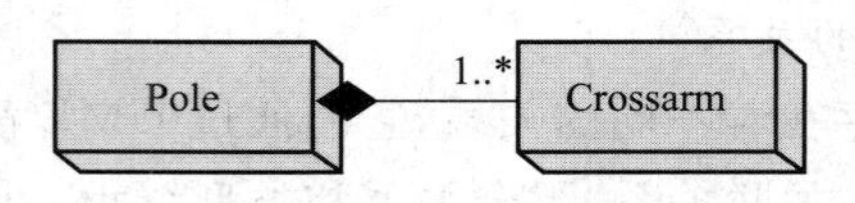

图 1-7　组合关系

组合关系在 ArcObjects 中很常见，如地图文档由一个或多个地图组合而成，地图(Map)由图层(Layer)组成，工具条控件(ToolbarControl)由工具条项(ToolbarItem)组成等等。

(4)类型继承　类型继承是任何一本面向对象语言教材中都会讲解的内容。在图 1-8 中，Line 是一个抽象类，Primary line 和 Secondary line 是它的子类。Line 作为一个抽象类，不能直接产生一个对象，只能通过产生一个子类的方法实现自己，子类将继承父类全部的非私有方法和属性，而且子类对象可以看作是父类对象的一种。

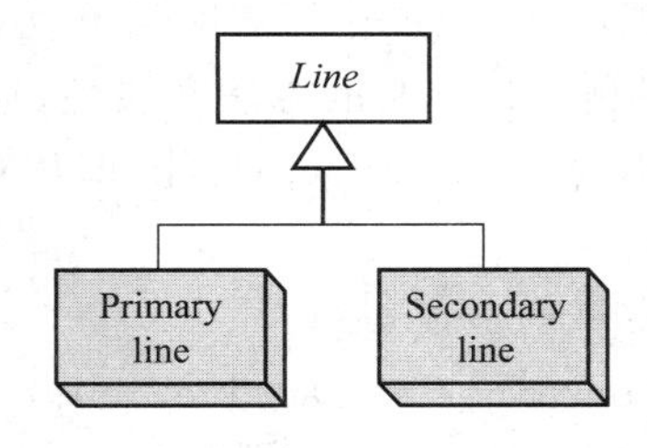

图 1-8　类型继承

类之间的继承可以看作是类功能的扩展，即子类在保留父类的属性和行为的基础上会增加自己特有的行为和属性。正是这种扩展使得对象具有了更强的生命力和使用范围。

1.3　组件对象模型

1.3.1　软件开发历史

在计算机技术的发展过程中，相继出现了多种计算机高级语言，从 Pascal、Basic、C、Smalltalk、C＋＋、Java 到 .NET 平台上的各种语言，它们的发展步伐，可以看作是计算机语言从面向过程向面向对象发展的一段历史，也是不断提高软件重用和开发效率的历史。在早期(面向过程语言)，人们为了重用，将一些基本的数学计算函数和界面设计函数设计成函数库，或者称为类库，通过应用程序接口，让其他软件开发人员调用，它为应用开发者提供了方便，但是它的粒度太小，往往一个函数就是一个单一的功能，它相当于机械制造中的零件，利用零件组装一辆汽车太费时间。

面向对象语言的出现，其实就是因为一个理由——提高编程的粒度。面向对象语言的基本单位是类(Class)，它封装了数据成员(属性)和函数成员(方法)，将最小组件的粒度提高了一个等级，程序员需要直接操作的不是过程和函数了，而是更高层次上的类。但是，做成了 Class 并没有解决编程中所有问题，新的问题随之而来。一个类，它提供了很多种方法和属性，这些方法和属性其实可以分组，为不同的功能服务，但是类并没有做这个管理，它只是一个属性和方法的容器。在 ArcObjects 中，Map 对象拥有很多类型的功能，如管理图层、管理元素、管理选择集、显示地图等，每种不同的功能群都有好多方法和属性，如果这些属性和方法杂乱无章，没有任何区别地堆积在一个类里面，当程序员需要寻找一个方法的时候，不得不遍历它们，这样做很不方便。

接口（Interface）的出现，解决了这个问题，就是将类的内部属性和方法进行分类。例如在 Map 类中可以做好几个接口，在这些接口中定义不同功能组的方法和属性，Map 实现了这些接口，这样就可以使用接口进行定义，如：

```
IGraphicsContainer pGraphicsContainer;
pGraphicsContainer = pActiveView.FocusMap as IGraphicsContainer;
```

pGraphicsContainer 对象现在可以使用的属性和方法就只能是 IGraphicsContainer 接口定义的部分，而不能使用其他接口定义的方法和属性，那如何使用其他接口定义的属性和方法呢？这就是所谓的 QI（QueryInterface）功能，即从对象的一个接口查询另一个接口定义的属性和方法，如：

```
IActiveView pActiveView;
pActiveView = pGraphicsContainer as IActiveView;
```

通过上面的操作，pActiveView 现在就可以使用 Map 类中的 IActiveView 接口定义的属性和方法了，这就实现了在一个类的不同接口之间的转换。

接口是一种用来定义程序的协定。实现接口的类要与接口的定义严格一致。有了这个协定，系统就可以抛开编程语言的限制，接口可以从多个父接口继承，而类可以实现多个接口。接口可以包含方法、属性、事件和索引器，它本身并不定义它所提供的成员的实现，而只是指定实现该接口的类或接口必须提供的成员。在可以使用类的地方，都可以使用接口来替代，除了使用类来产生一个对象外。

接口可以看作是一个特殊的类形式，除了不能被实例化为一个对象外，它可以实现类能够完成的任何任务，如声明对象为某种接口类型，接口也可以继承等。接口继承机制是非常有用的，如一个子类对象可以看作一个父类对象，接口也具备这样的特性，在很多时候程序员可以将一个子接口类型的对象定义为父接口类型的对象，从而实现一般化的操作，如：

```
private void CreateGeometry(IPolygon pPolygon);
private void CreateGeometry(IGeometry pPolygon);
```

上面的两个过程的参数一个是使用 IPolygon 对象，另一个是使用 IGeometry 对象，后者可以使用得更广泛和更安全一点。如果不慎传进去的是一个 IPoint 对象，在第二个方法里面也是合法的，因为 IGeometry 的对象可以是任何一种几何形体对象，而这种做法在第一个过程中就是错误的。

一个类可以实现多个接口，一个接口也可以被多个类实现。

计算机语言的发展历史，其实就是不断地寻找更好组件粒度的历史，不断提高代码重用的历史。以前程序员使用过程和函数，后来使用类，接口乃至包、命名空间等，都是为了一个目的，那就是让程序员能够操作的组件在具体和抽象之间寻找一个平衡点，这不是一件容易的事情——太具体了，如过程和函数，就没有了框架；太抽象了，如类，就无法深入细微之处。

1.3.2　组件对象模型

对于软件开发者来说，软件重用和开发效率始终是一个核心问题。程序员希望能够编写一次代码，在任何地方都可以运行，即使这个使用环境连代码编写者都没有想到过。当一个程序员修改了自己发布给别人使用的函数后，使用者应该不需要改变或者重新编译程序就可以使用新的功能。对实现这一目标的早期努力是使用类库，这种做法在C++中比较常见，但是它有很大缺陷，要共享二进制的C++代码并不容易。为了解决这个问题，程序界开始试图建立一种组件(Component)标准去实现代码在二进制级别上的共用。组件将数据和操作数据的方法隐藏在被封装好的接口后面，它保证了系统的安全性。由于组件是面向对象的，因而它们支持继承性和多态性，继承性是一种可以重用其他组件功能的机制，而多态性则保证了一个组件可以在不同的环境中被正常使用。

尽管存在多种组件标准，如COM、JavaBean和CORBA，但微软提出的COM被认为是开发高效、交互式桌面程序和服务器/客户端程序的最好选择。它具有良好的定义，标准成熟，易于理解，并且开发了很好的开发工具。

微软的COM模型是一种二进制标准，它允许任意两个组件按照一定规则互相通信，而不管它们在什么计算机上运行(只要计算机是相连的)，不管组件所在计算机运行的是什么操作系统(只要该系统支持COM)，也不管该组件是用什么语言编写的(只要该语言支持编写的组件遵守COM标准)。COM还提供了位置透明性，当程序员编写组件时，其他组件是在进程内的DLL、本地的EXE还是位于其他计算机上的组件，对程序员而言都无所谓。

COM模型可以看作是一种客户端/服务器的关系，在COM中，一个组件如果可以提供服务，它就是一个COM服务端。服务端将提供客户端所需要的功能，两者之间是隔绝的，客户端需要知道的只是哪些功能可以使用。在这种情况下，COM表现为两者之间的通信协议。

遵守COM标准的类的实例称为COM对象，COM对象有3个公认的特点：抽象、多态和继承。

抽象是指COM对象被很好地封装起来，程序员无法获得对象的内部实现细节。实际上，ArcObjects程序员也并不需要知道这些细节，除非想窥探到程序的核心算法。对象的封装是如此严密，以至于COM对象通常被描绘为盒子。尽管实现细节不会告诉使用者，但程序员可以通过接口来访问COM对象中的相关属性和方法。即COM对象之间并不能够直接联系，它们是通过接口来接触的。

多态是指可以通过同样的方法去处理不同类型的对象，这些对象将能够正常运行，这是因为不同的对象会以不同的方式去实现这些方法。当外部访问某个对象的时候，对象会自动知道自己该调用什么方法去完成任务。

继承分为实现继承和接口继承两种类型。实现继承是子类对象可以从其父类对象那里继承其程序，当外界调用子类中继承的方法的时候使用的其实是父类的方法。在C++中就是使用的这种继承；对于接口继承而言，对象继承的只是其父类方法的定义，对象必须自己去完成这些方法。

COM有多种扩展型态，例如DCOM与COM+，其中D表示为Distributed，即它可通过网络获得以COM为基础的软件；COM+是COM的第二代，它拥有DCOM与服务器的技术。

ActiveX与OLE也是COM的别称，微软把所有以COM为基础的技术统称为ActiveX，而OLE(嵌入式链接对象)是一种以COM为基础而发展的复合文件(compound document)，可用来存取不同应用程序的文件，例如在Word文件中存取Excel表格。

概括地讲，COM具有如下一些优越性：

(1)COM技术让编程技术难度和工作量降低，开发周期变短，开发成本降低。由于组件式开发实现分层次的编程，从而促进了软件的专业化生产。专业人员可以开发出具有很强专业性的软件组件，这样既保证了普通编程人员能够完成所需要的应用开发，又不至于降低使用性能。应用人员不便实现的组件模块可以让专业人员定做。ESRI的程序员们使用C++语言开发了一个个COM组件给二次开发者使用，用户可以像堆砌积木一样按照需求开发不同的GIS程序。

(2)COM使软件的复用性得到提高并延长了使用寿命。由于组件编程体系使大量的编程问题局部化，这让软件的更新和维护变得快速和容易，软件的成本也大大降低。当程序员让系统升级后，可以覆盖以前的COM组件，以让程序员使用上最新的功能。当然，这个操作是具有风险的。

(3)COM对象是语言独立的，可以使用任何一种语言去编写COM组件，而使用这些组件所用的语言也只需要支持COM标准即可，不必和组件的编写语言一致。

在ArcObjects编程中，程序员只是使用别人做好的“积木块”，并不需要用深奥的ArcObjects知识来编写COM对象，学习ArcObjects主要知道以下内容即可：

(1)COM不是接口也不是类，它是一种二进制级别的组件通信标准。它告诉组件之间该如何通信、一个COM对象之间的不同接口如何查询等。

(2)符合COM标准的对象——COM对象，是实现了很多接口的对象，也是基于面向对象标准的。COM对象可以以DLL或者EXE文件形式存在，它包含着接口的具体实现方法，使用者可以通过接口来获取它内部的函数或者方法。COM对象的接口一旦被公布，就不能再修改，这一点很重要。

COM对象可以看作一个大仓库，其中摆放着用户可以使用的对象(方法和属性)，这个仓库摆放的物品如此之杂，以致必须对它们进行登记造册，将相近或者相似的物品登记在一起，并由专人来管理这一类的东西。而接口就承担了这个任务。

当外部用户需要取用这个仓库的物品时，必须找到这些物品的管理者(接口)，通过它来实现要求，这个管理者仅仅能拿出自己权限范围内的东西而不能越俎代庖(通过一个接口仅仅能使用它定义的属性和方法)；当外部用户又需要这个仓库中另一类物品的时候，必须去寻找另一个管理员，这个过程就是所谓的“接口查询”。外部用户需要保证两个管理员都是这个仓库的合法管理者(两个接口是同一个COM对象的接口)。

(3)COM对象必须实现IUnknown接口，它负责管理COM对象生命周期并在运行时刻提供类型查询，当COM对象不使用的时候，是这个接口定义的方法负责释放内存。一个COM对象可以没有任何别的接口,但是这个接口是必须的,它是缺省的接口。

(4)QI即所谓查询接口。由于一个COM对象有很多个接口,不同的接口管理着COM的不同类型的方法,因此从一个接口可以使用的方法转到另一个接口可以使用的方法的过程称为QI。这个过程也是由IUnknown接口管理的。

(5)缺省接口。每一个COM对象在产生后如果没有指定接口的话,它们都有一个缺省接口。ESRI对象库中的COM对象都使用IUnknown作为它们的缺省接口,当然也有例外,如Application对象使用的缺省接口是IApplication。

(6)每个组件都有一个独一无二的标识,这就是所谓的全球唯一标识符GUID。这个标识符就是COM组件的身份号码,是供机器使用的,它是一个128 bits的数字,由系统自由分配。用户不用担心这个标识会有重复的一天,因为即使计算机每秒产生1 000万个UID,那么到公元5770年才可能遇到重复的UID。组件还有一个供用户使用的标识,它在程序集内都是一个字符串,在ArcObjects中常常可以使用UID对象来引用这些组件。

接口的GUID称为IID,而组件类的GUID称为CLSID。CLSID还有一个文本别名,即所谓的ProgID,它是一个由工程名加组件类类名组成的字符串。

(7)一个COM对象可以有多个接口,一个接口也完全可以被多个COM对象实现。

(8)接口分为两种,即内向接口和外向接口。前一种接口是组织COM对象相关的方法和属性,COM对象必须实现所有接口的接口内容;后一种接口是用于组织COM对象相关的事件,这种接口在实现的时候不必写出所有的事情。

(9)COM组件必须被注册后才能使用,它必须到注册表那里登记“户口”。

(10)在COM对象的开发过程中,程序员可以逐步加上接口,在ArcObjects中有很多以“2”结尾的接口,都是这样发展的产物。如ILayer2、ITable2等。它们是在后来的版本逐渐添加的。

(11)COM对象可以被编译为DLL和EXE两种格式的文件进行传播。

COM组件模型有很多优点,但它也有致命的缺陷。由于COM对象可以被重用,这样多个程序可能使用一个COM对象,如果这个COM组件升级了,就很可能出现其中某个程序无法使用新组件,导致程序不能运行的情况,这种情况被称为“DLLHELL”(DLL灾难,COM常常被编译为DLL文件)。有时安装了新软件后很多其他的软件都无法使用,往往就是这个原因。

这并不是个小问题,它可是微软提出.NET的一个主要原因。本书主要是讲解ArcObjects的可视化控件在.NET平台下的开发,其中的代码绝大部分都将使用C#.NET语言进行编写。

Chapter 2

第2章 ArcGIS Desktop 定制开发

ArcGIS Desktop 是 ESRI 公司推出的 ArcGIS 系列产品中的桌面 GIS 产品，包括 ArcMap、ArcCatalog、ArcScene 和 ArcGlobe 等应用程序。ArcMap 是 ArcGIS Desktop 中最主要的应用程序，具有基于地图的所有功能。ArcCatalog 用于组织和管理 GIS 数据，类似于资源管理器。从 ArcGIS 10.0 起，ArcCatalog 的基本功能作为 Catalog 内嵌在 ArcMap 和 ArcCatalog 中。ArcScene 和 ArcGlobe 都是提供 3D 显示的应用程序，其中，ArcGlobe 提供连续、多分辨率浏览全球地理信息的功能，用户可以把相关数据整合到一个通用的全球框架中。

ArcGIS Desktop 中的所有应用程序具有相同形式的图形用户界面（GUI），此外，还具有如下共同特点：

（1）都可以在定制模式（Customize Mode）对图形用户界面进行定制。

（2）都能进行二次开发。

用户对 ArcGIS Desktop 界面的定制结果可以保存到一个项目文件（mxd 文件）中。当用户再打开该项目文件时，将显示用户定义的界面。

2.1 界面定制

ArcGIS Desktop 界面定制的内容包括：工具条（Toolbars）的定制、菜单条（Main Menu）的定制、上下文菜单（Context Menu）的定制。

菜单条是一种特殊类型的工具条，是由菜单所组成，菜单下包括子菜单和菜单项。ArcGIS Desktop 只有一个菜单条（Main Menu），不能关闭。

菜单条的定制包括：

（1）新增菜单。

(2)在已有的菜单中增加子菜单和菜单项。

(3)更改菜单、子菜单和菜单项的属性。

ArcGIS Desktop 的工具条有很多,每个工具条是相关要素(菜单、工具、按钮等)的集合。工具条的定制包括:

(1)显示或关闭工具条。

(2)新增工具条。

(3)在工具条中增加要素。

(4)更改工具条组成要素的属性。

上下文菜单(Context Menu,也称快捷菜单)也是一种特殊类型的工具条,只有当我们右击鼠标时才显示。ArcMap 有缺省的上下文菜单,会根据不同的状况显示不同的上下文菜单(如在编辑状态下,选择 Sketch Tool,显示和 Sketch 相关的上下文菜单)。用户可以对已有的上下文菜单内容进行编辑,或根据不同的情况自定义上下文菜单。

2.1.1　新增工具条

点击 Customize 菜单下的 Customize Mode 菜单项,打开 Customize 对话框。点击 Toolbars 选项卡,显示系统已有工具条,通过打钩可以控制工具条是否显示(图 2-1)。也可以直接在工具条区域右击鼠标对已有工具条进行操作。

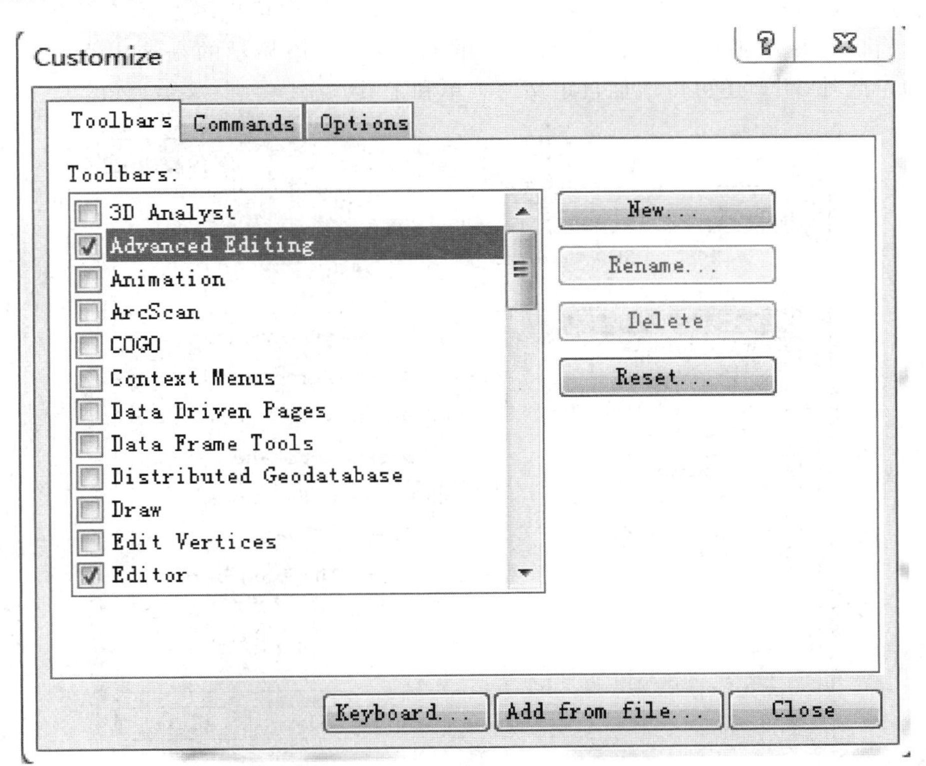

图 2-1　定制(Customize)窗口

如要新增工具条，点击 New 按钮，然后在弹出的 New Toolbar 对话框中输入工具条名称，将产生一个新的工具条，该工具条是一个空工具条(图 2-2)。

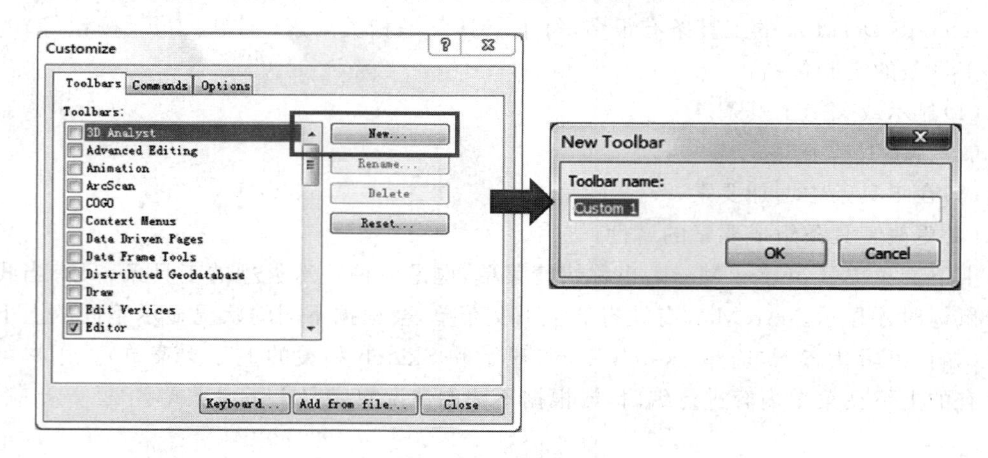

图 2-2　新增工具条

2.1.2　新增命令

可以根据需要在工具条中增加命令。

点击 Customize 对话框中的 Commands 选项卡，将显示可以增加到工具条中的命令(系统已有的菜单或工具)，其中，左边显示的是类别，右边显示的是选中类别下的命令(图 2-3)。此外，用户还可以增加自定义的菜单和工具。

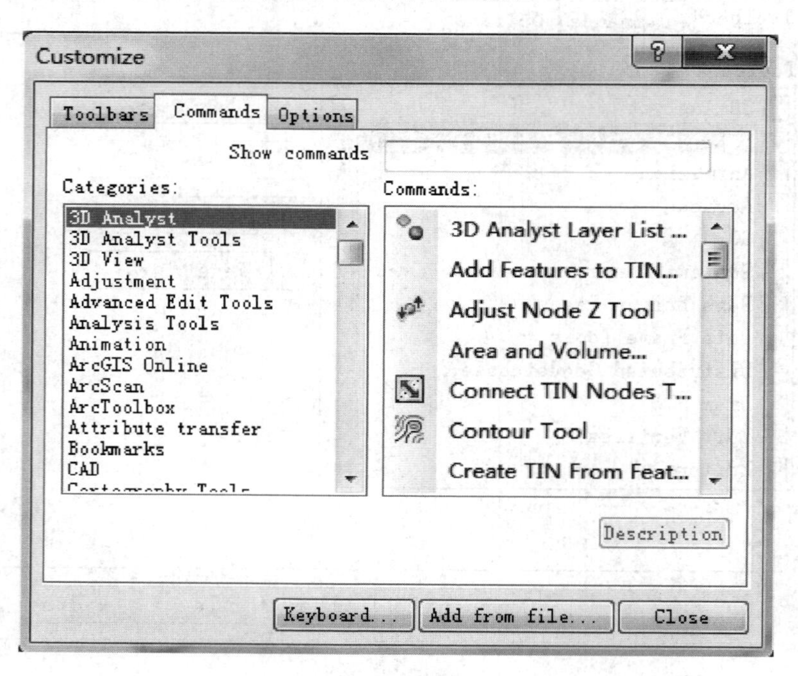

图 2-3　命令定制窗口

通过拖拉方式可以把选中命令增加到工具条中；同样，通过拖拉方式可以删除工具条中命令（把工具条中的命令拖拉到工具条之外区域）。见图 2-4。

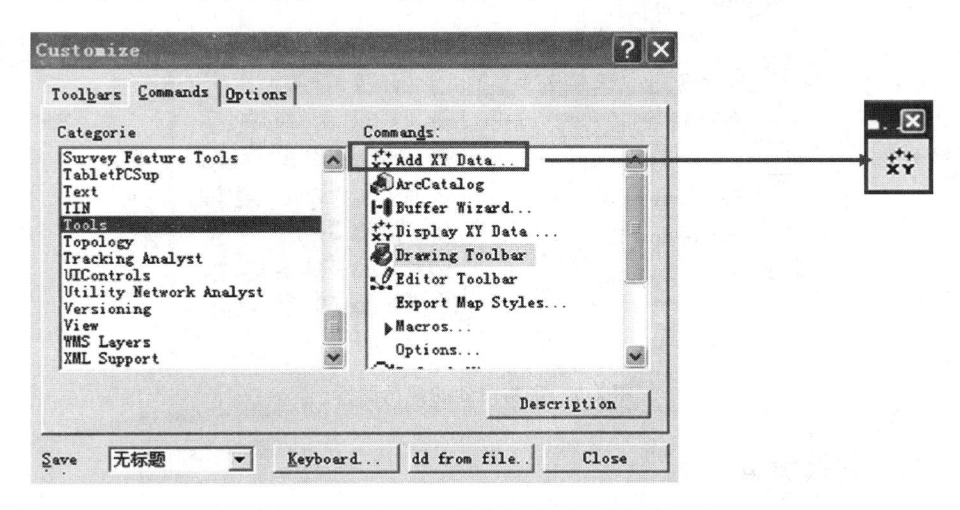

图 2-4　可以把命令拖放到工具条中

2.1.3　定义命令的显示属性

选中工具条中的某个命令，右击鼠标，将出现命令显示属性的对话框。命令可以以文本显示，也可以以图标显示，或同时显示。还可以改变显示的文本和图标。见图 2-5 和图 2-6。

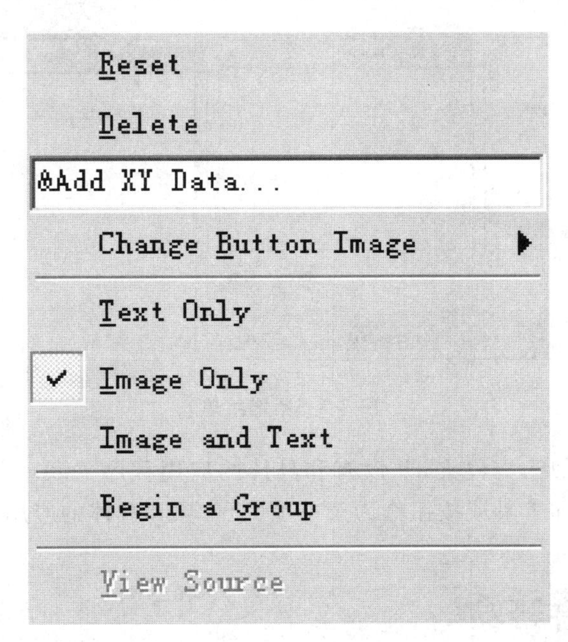

图 2-5　定制命令的属性

注意：只能在 Customize Mode 情况下定义命令的显示属性。

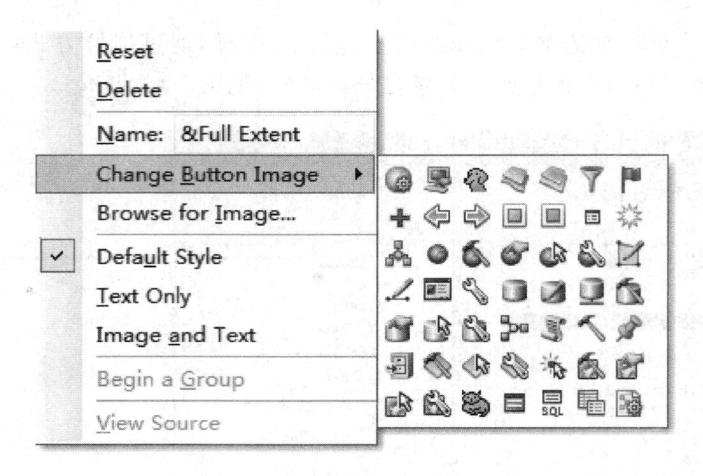

图 2-6　定制命令的显示图标

2.1.4　新增菜单

在 Categories 中选择 New Menu，可以把 New Menu 增加到工具条中作为菜单或子菜单(同样方法可用于把 New Menu 增加到菜单条和上下文菜单中)。见图 2-7。

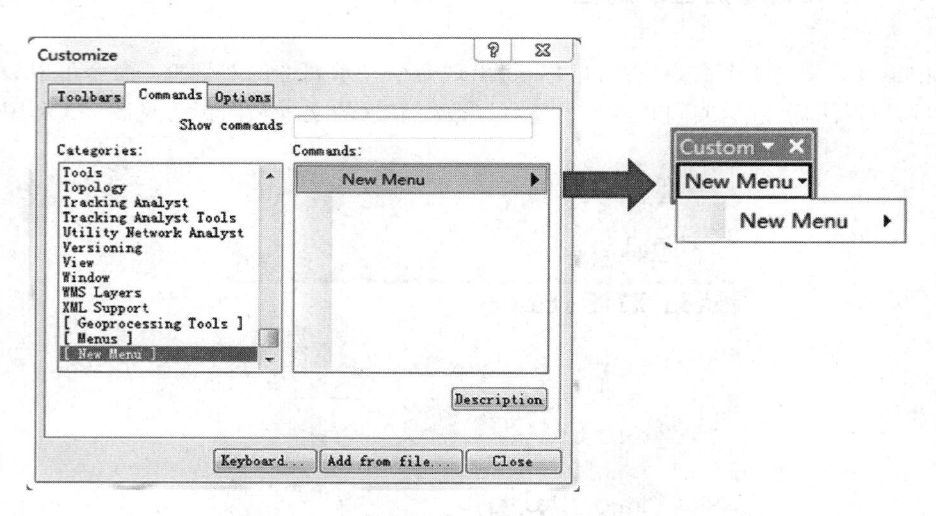

图 2-7　新增菜单

菜单和子菜单类似于文件夹，并没有和具体的应用程序关联。可以通过前面的方法在菜单或子菜单下增加工具或按钮作为菜单项(菜单项和具体的应用程序关联)。

2.2　COM 组件开发

使用 C# 和 ArcObjects 10 开发 ArcGIS 插件，开发的电脑上必须安装 ArcGIS 基础平台，同时必须安装支持 .NET 的开发库。在这里我们使用 Visual Studio 2010 作为开发环境。开发步骤如下：

（1）启动 Visual Studio 2010，创建 Visual C# 的类库项目，名称为 BufferExSolution，如图 2-8 所示。

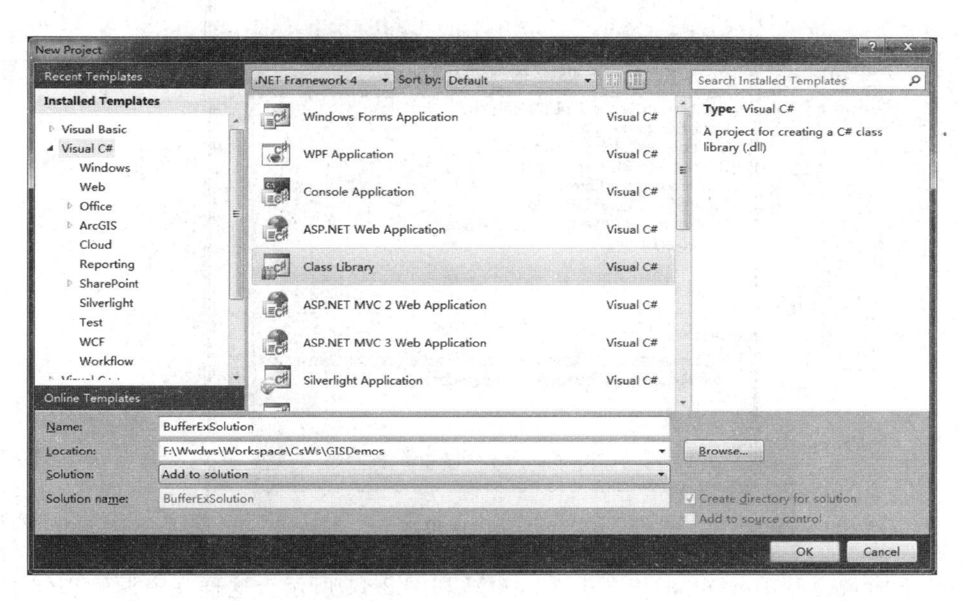

图 2-8　创建项目

（2）在解决方案资源管理器中，选择 BufferExSolution 项目，右键添加新建项目，选在 ArcGIS 模板下的 Base Command 模板，将名称设置为 BufferEx，如图 2-9 所示，点击 Add

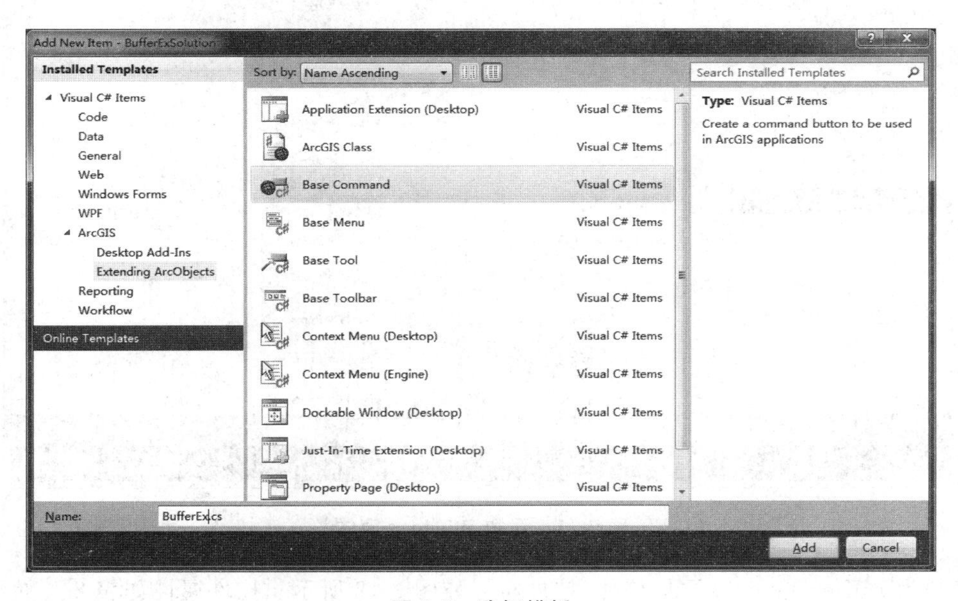

图 2-9　选择模板

按钮，出现如图 2-10 所示的选择项，选择第 2 项，其含义为在 ArcMap、MapControl 或者 PageLayoutControl 中都可以使用新建的插件。

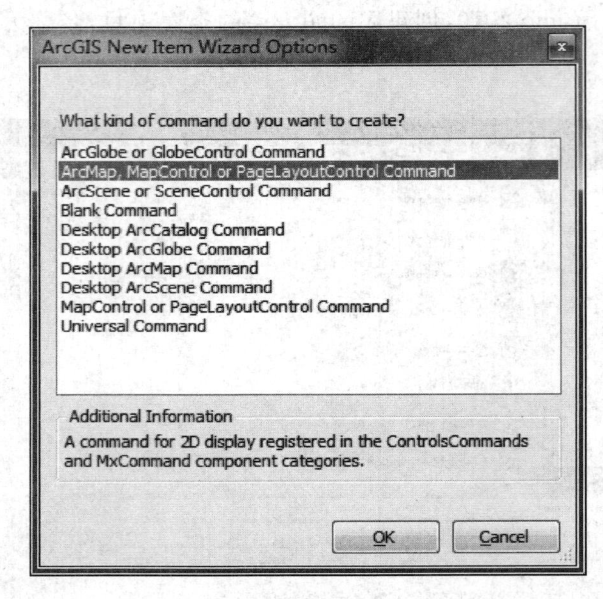

图 2-10　选择项

(3)添加名为 BufferDlg 的 Windows 窗体，如图 2-11 所示。这样在资源管理器中就出现了。

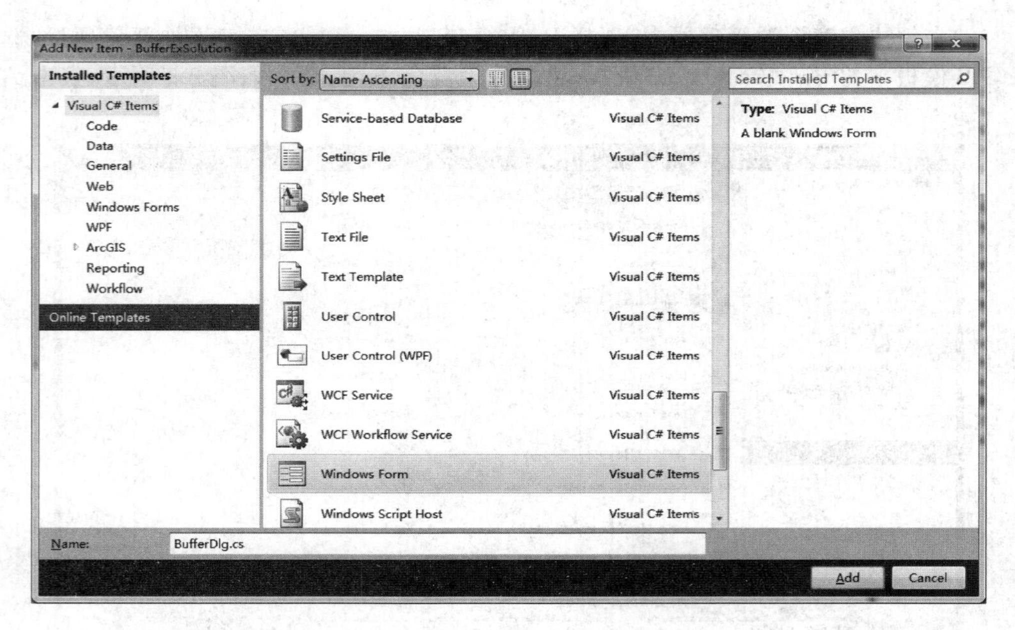

图 2-11　添加 Windows 窗体

(4)为 BufferDlg 窗体添加控件，控件布局如图 2-12 所示。控件属性如表 2-1 所示。

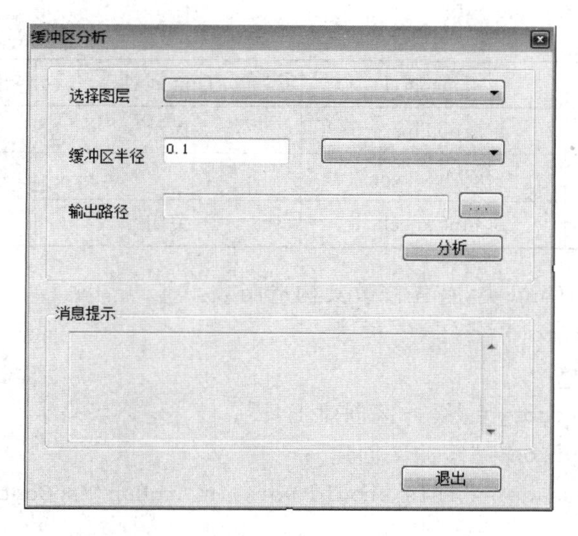

图 2-12 控件布局

表 2-1 控件属性

控件类型	Name 属性	Text 属性	其他属性
Label	lblChoseLayer	选择图层	
Label	lblRadio	缓冲区半径	
Label	lblOutPath	输出路径	
Combox	cboLayers		
TextBox	txtBufferDistance		Text=0.1
Combox	cboUnits		Items=Unknown Inches Points Feet Yards Miles NauticalMiles Millimeters Centimeters Meters Kilometers DecimalDegrees Decimeters
TextBox	txtOutputPath		Enable=false
Button	btnOutputLayer	…	
Button	btnBuffer	输出	

续表 2-1

控件类型	Name 属性	Text 属性	其他属性
GroupBox	gpbTips	提示	
TextBox	txtMessages		MultiLine
Button	btnCancel	关闭	

(5)为修改 BufferCmd 类,首先修改其构造函数:

```
public BufferCmd()
{
    base.m_category = "缓冲区创建工具";
    base.m_caption = "缓冲区创建";
    base.m_message = "This should work in ArcMap/MapControl/PageLayoutCon-
trol";
    base.m_toolTip = "缓冲区创建";
    base.m_name = "BufferCmd";

    try
    {
        string bitmapResourceName = GetType().Name + ".bmp";
        base.m_bitmap = new Bitmap(GetType(),bitmapResourceName);
    }
    catch(Exception ex)
    {
        System.Diagnostics.Trace.WriteLine(ex.Message,"Invalid Bitmap");
    }
}
```


(6)为 OnClick 函数添加如下代码:

```
public override void OnClick()
{
   if (null == m_hookHelper)
     return;
   if (m_hookHelper.FocusMap.LayerCount>0)
   {
     BufferDlg bufferDlg = new BufferDlg(m_hookHelper);
     bufferDlg.Show();
   }
}
```

其中,IHookHelper m_hookHelper 主要在 AO 和 AE 中出现,尤其是出现在用来自定义扩展 ICommand 或 ITool 等接口的类中。在 BufferCmd 类中，OnCreate 函数将 object 类型的参数 hook 传递给 m_hookHelper，而 m_hookHelper 又可以作为参数在 OnClick 函数中传递给 BufferDlg 类，这样就实现了 ArcMap 中数据向插件传递，从而实现插件对宿主程序中数据的操作，拓展了宿主程序的功能。OnCreate 函数的代码如下：

```
public override void OnCreate(object hook)
{
  if (hook == null)
      return;
  try
  {
      m_hookHelper = new HookHelperClass();
      m_hookHelper.Hook = hook;
      if (m_hookHelper.ActiveView == null)
  m_hookHelper = null;
  }
  catch
  {
      m_hookHelper = null;
  }

  if (m_hookHelper == null)
      base.m_enabled = false;
  else
      base.m_enabled = true;
}
```

OnClick 函数的作用就是：当 ArcMap 中加载了该插件，只要点击该插件的按钮，则执行 OnClick 函数，也就是将 BufferDlg 窗体调出来。下面，我们将为 BufferDlg 窗体添加控件响应事件。

(7)修改 BufferDlg 类的构造函数，使构造函数有一个类型为 IHookHelper 的参数，实现从 BufferCmd 类中接收宿主程序的数据。

```
public BufferDlg(IHookHelper hookHelper)
{
  InitializeComponent();
  m_hookHelper = hookHelper;
}
```

通过 IHookHelper 类型的实例将宿主程序的对象传到插件中的机制如下：

```
IHookHelper m_hookHelper = newHookHelperClass();
m_hookHelper.Hook = this.axMapControl1.Object;
```

这样就可以把 AxMapControl 传递给其他要用到的地方，再通过 IHookHelper. ActiveView 和 IHookHelper. FocusMap 属性来获取 IActiveView 和 IMap 对象，通过这两个接口进行更进一步的操作。

(8)完善 BufferDlg 类，为其添加相应的字段，同时依次为表 2-1 中列出的控件添加相应的事件响应，BufferDlg 类实现代码如下：

```
public partial class BufferDlg:Form
{
    //委托机制，目的是在 .Net 环境中使用 Win32 函数
    [DllImport("user32.dll")]
    private static extern int PostMessage(IntPtr wnd,
                                          uint Msg,
                                          IntPtr wParam,
                                          IntPtr lParam);
    private IHookHelper m_hookHelper = null;
    private const uint WM_VSCROLL = 0x0115;
    private const uint SB_BOTTOM = 7;

    public BufferDlg(IHookHelper hookHelper)
    {
      InitializeComponent();
      m_hookHelper = hookHelper;
    }

    private void bufferDlg_Load(object sender,EventArgs e)
    {
        if (null == m_hookHelper || null == m_hookHelper.Hook || 0 == m_
hookHelper.FocusMap.LayerCount)
            return;
        //将 ArcMap 中的图层名称显示到 combox 中
        IEnumLayer layers = GetLayers();
        layers.Reset();
        ILayer layer = null;
        while((layer = layers.Next())! = null)
        {
            cboLayers.Items.Add(layer.Name);
        }
        //设置默认图层
        if (cboLayers.Items.Count>0)
```

```
        cboLayers. SelectedIndex = 0;

    string tempDir = System. IO. Path. GetTempPath();
    txtOutputPath. Text = System. IO. Path. Combine(tempDir,
((string)cboLayers. SelectedItem + "_buffer. shp"));

    //设置默认的缓冲半径单位
    int units = Convert. ToInt32(m_hookHelper. FocusMap. MapUnits);
    cboUnits. SelectedIndex = units;
}

private void btnOutputLayer_Click(object sender,EventArgs e)
{
    //设置输出 shp 文件路径
    SaveFileDialog saveDlg = new SaveFileDialog();
    saveDlg. CheckPathExists = true;
    saveDlg. Filter = "Shapefile( * . shp)| * . shp";
    saveDlg. OverwritePrompt = true;
    saveDlg. Title = "输出图层";
    saveDlg. RestoreDirectory = true;
    saveDlg. FileName = (string)cboLayers. SelectedItem + "_buffer. shp";

    DialogResult dr = saveDlg. ShowDialog();
    if (dr == DialogResult. OK)
        txtOutputPath. Text = saveDlg. FileName;
}

private void btnBuffer_Click(object sender,EventArgs e)
{
    double bufferDistance;
    //获取缓冲区半径
    double. TryParse(txtBufferDistance. Text,out bufferDistance);
    if (0. 0 == bufferDistance)
    {
        MessageBox. Show("缓冲区半径不合法!");
        return;
    }
    //检查输出路径合法性
```

```
            if(! System.IO.Directory.Exists(System.IO.Path.GetDirectoryName
(txtOutputPath.Text))||
            ".shp"! = System.IO.Path.GetExtension(txtOutputPath.Text))
            {
                MessageBox.Show("输出文件名不正确!");
                return;
            }
            //检测宿主程序(ArcMap)中是否存在图层
            if (m_hookHelper.FocusMap.LayerCount == 0)
                return;
            //从 ArcMap 中获得图层
            IFeatureLayer layer = GetFeatureLayer((string)cboLayers.SelectedItem);
            if (null == layer)
            {
                txtMessages.Text +=  "Layer" + (string)cboLayers.SelectedItem
+ "不能被找到! \r\n";
                return;
            }
            //设置消息框有滚动条
            ScrollToBottom();
            txtMessages.Text += "\r\n 分析开始,这可能需要几分钟时间,请稍候..
\r\n";
            txtMessages.Update();
            //获得 geoprocessor 实例
            Geoprocessor gp = new Geoprocessor();
            gp.OverwriteOutput = true;

            //创建缓冲区生成工具
            ESRI.ArcGIS.AnalysisTools.Buffer buffer = new ESRI.ArcGIS. Analys-
isTools.Buffer(layer,txtOutputPath.Text,Convert.ToString(bufferDistance) + "" +
(string)cboUnits.SelectedItem);
            buffer.dissolve_option = "ALL";//这个要设成 ALL,否则相交部分不会融合
            //buffer.line_side = "FULL";//默认是"FULL",最好不要改否则出错
            //buffer.line_end_type = "ROUND";//默认是"ROUND",最好不要改否则出错
            //执行缓冲区生成工具
            IGeoProcessorResult results = null;
            try
            {
```

```
                results = (IGeoProcessorResult)gp.Execute(buffer,null);
            }
            catch(Exception ex)
            {
                txtMessages.Text += "Failed to buffer layer:" + layer.Name + "\
r\n";
            }

            if (results ! = null &&results.Status ! =
esriJobStatus.esriJobSucceeded)
            {
                txtMessages.Text += "Failed to buffer layer:" + layer.Name + "\
r\n";
            }

            ScrollToBottom();
            txtMessages.Text += "\r\n 分析完成 .\r\n";
            txtMessages.Text += " ——————————————————————————————————————\r\n";

            ScrollToBottom();
        }

        private string ReturnMessages(Geoprocessor gp)
        {
            StringBuilder sb = new StringBuilder();
            if (gp.MessageCount>0)
            {
                for (int Count = 0;Count< = gp.MessageCount-1;Count + + )
                {
                System.Diagnostics.Trace.WriteLine(gp.GetMessage(Count));
                    sb.AppendFormat("{0}\n",gp.GetMessage(Count));
                }
            }
            return sb.ToString();
        }
        ///<summary>
        ///根据名称获取图层对象
```

```
        ///</summary>
        ///<param name = "layerName"></param>
        ///<returns></returns>
        private IFeatureLayer GetFeatureLayer(string layerName)
        {
            //从 ArcMap 中获得 layers
            IEnumLayer layers = GetLayers();
            layers.Reset();

            ILayer layer = null;
            while ((layer = layers.Next())! = null)
            {
                if (layer.Name == layerName)
                    return layer as IFeatureLayer;
            }
            return null;
        }

        private IEnumLayer GetLayers()
        {
          UID uid = new UIDClass();
            uid.Value = "{40A9E885-5533-11d0-98BE-00805F7CED21}";
            IEnumLayer layers = m_hookHelper.FocusMap.get_Layers(uid,true);
            return layers;
        }

        private void ScrollToBottom()
        {
          PostMessage((IntPtr)txtMessages.Handle,WM_VSCROLL,(IntPtr)SB_BOT-
TOM,(IntPtr)IntPtr.Zero);
        }

        private void btnCancel_Click(object sender,EventArgs e)
        {
          this.Close();
        }
    }
```

(9)编译运行程序,提示缺少引用。按照提示添加相应的引用。重新编译运行,则程序生成一个名为 BufferExSolution. dll 和一个名为 BufferExSolution. tlb 的文件。这两个程序就是插件程序,在 ArcMap 中可以直接使用。

在 ArcMap 中使用上面生成的插件的步骤如下:

(1)启动 ArcMap 程序,通过 Tools/Customize 菜单打开 Customize 对话框,如图 2-13 所示。

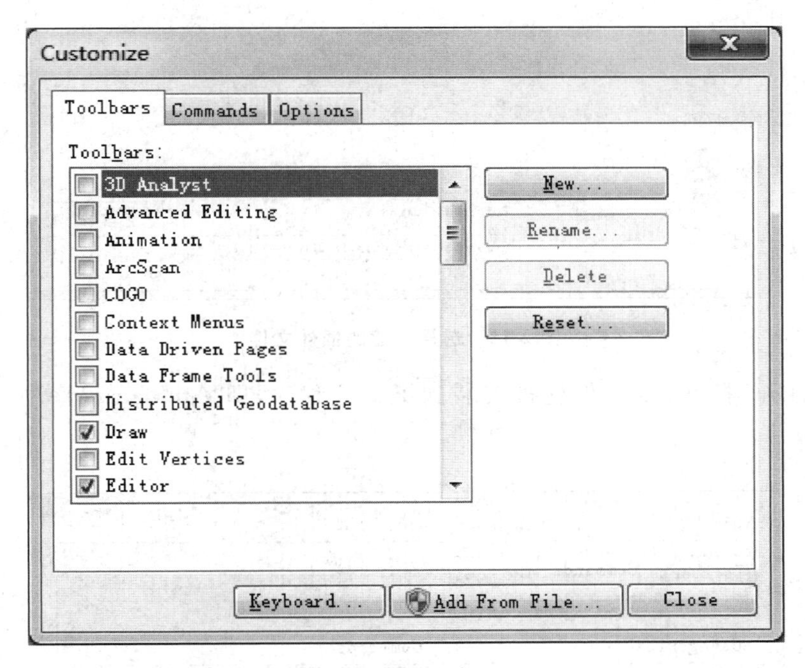

图 2-13　**Customize 对话框**

(2)在 Toolbars 选项卡中点击 New 按钮,新建一个名为 Buffer_Create 的工具按钮,如图 2-14 所示。

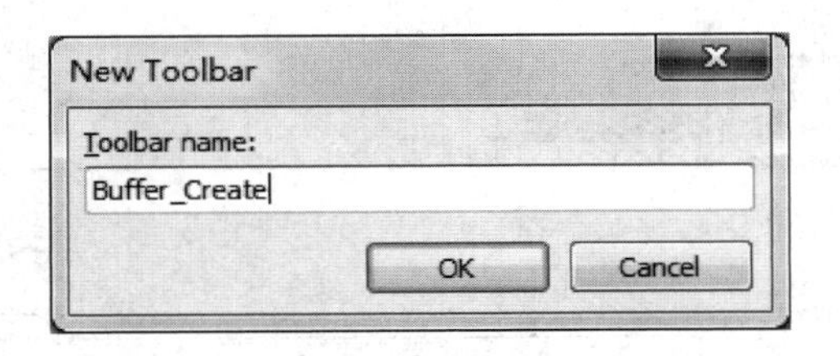

图 2-14　**Buffer_Create 工具按钮**

(3)在 Commands 选项卡中点击 Add From File 按钮,选择创建的插件文件,如图 2-15 所示。

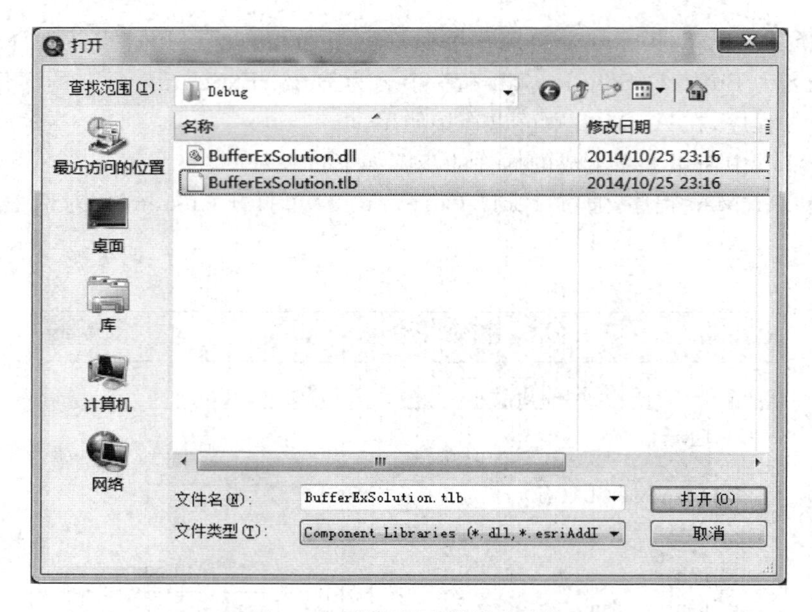

图 2-15　选择创建的插件文件

点击“打开”按钮，则插件就被安装到了宿主程序，即 ArcMap 程序中。如图 2-16 所示。

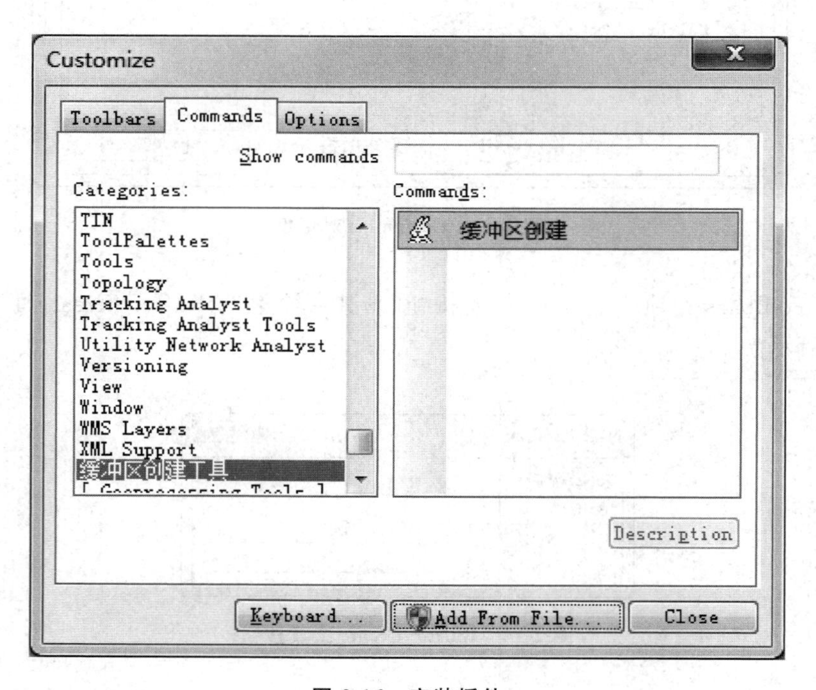

图 2-16　安装插件

(4)“缓冲区创建”拖拽到第(2)步所创建的工具按钮上，关闭 Customize 对话框，调整 Buffer_Create 工具按钮的位置。至此，该插件就可以使用了。图 2-17 是插件运行实例。

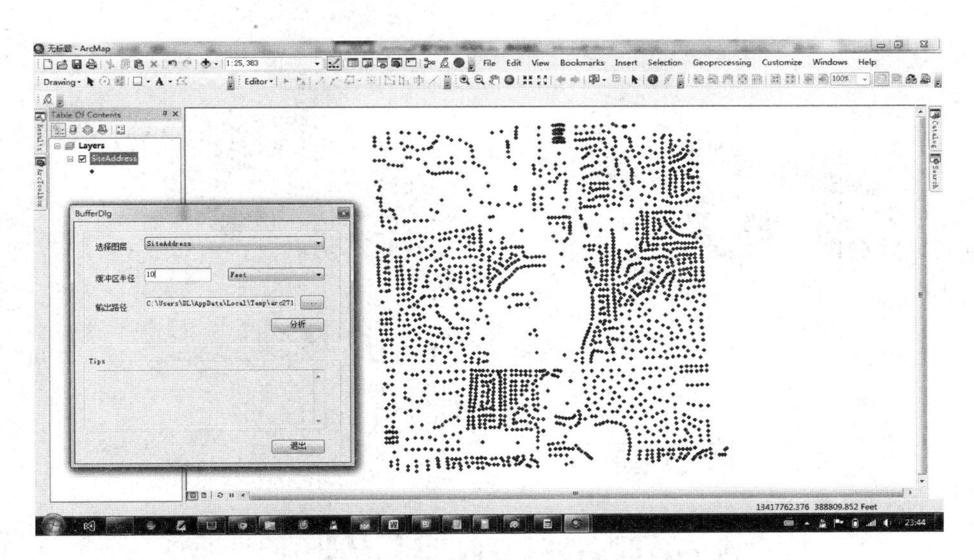
无标题 - ArcMap
File
Edit
View
Bookmarks
Insert
Selection
Geoprocessing
Customize
Windows
Help
Drawing
Editor
Table Of Contents
Layers
SiteAddress
BufferDlg
选择图层
SiteAddress
缓冲区半径
10
Feet
输出路径
分析
Tips
退出
13417762.376 388809.852 Feet

图 2-17　插件运行实例

Chapter 3

第3章 ArcEngine开发

3.1 ArcGIS Engine介绍

ArcGIS Engine是一组完备的并且打包的嵌入式GIS组件库和工具库，开发人员可用来创建新的或扩展已有的桌面应用程序。使用ArcGIS Engine，开发人员可以将GIS功能嵌入已有的应用软件中，如自定义行业专用产品；或嵌入商业生产应用软件中，如Microsoft Word和Excel；还可以创建集中式自定义应用软件，并将其发送给机构内的多个用户。

ArcGIS Engine由两个产品组成：构建软件所用的开发工具包以及使已完成的应用程序能够运行的可再发布的Runtime(运行时环境)。ArcGIS Engine开发工具包是一个基于组件的软件开发产品，可用于构建自定义GIS和制图应用软件。它并不是一个终端用户产品，而是软件开发人员的工具包，适于为Windows、UNIX或Linux用户构建基础制图和综合动态GIS应用软件。ArcGIS Engine Runtime是一个使终端用户软件能够运行的核心ArcObjects组件产品，将被安装在每一台运行ArcGIS Engine应用程序的计算机上。

ArcGIS Engine是基于COM技术的可嵌入的组件库和工具包，ArcGIS Engine可以帮助我们很轻松地构建自定义应用程序。

3.2 第一个ArcGIS Engine程序

这个例子将引导您创建第一个简单的显示程序，并添加基本的缩放和漫游功能。如果您之前没有接触过ArcGIS Engine的开发，那么这个例子是您迈入ArcGIS Engine二次开发大门的极好的例子，将从零开始引导您一步一步完成任务。

3.2.1　创建一个新的工程

首先打开 Microsoft Visual Studio 2010，点击菜单栏中的“文件”→“新建”→“项目”，在弹出的对话框中左侧选择新建一个 Visual C＃→ArcGIS→Extending ArcObjects，右侧选择 MapControl Application，之后更改项目名称为“地图浏览”，更改文件的路径为“个人实习”文件夹，点击“确定”即可，如图 3-1 所示。

图 3-1　新建项目对话框

选中项目“地图浏览”中的窗体 MainForm，修改其 Name 属性为 MainForm，Text 属性为“地图浏览”，如图 3-2 所示。

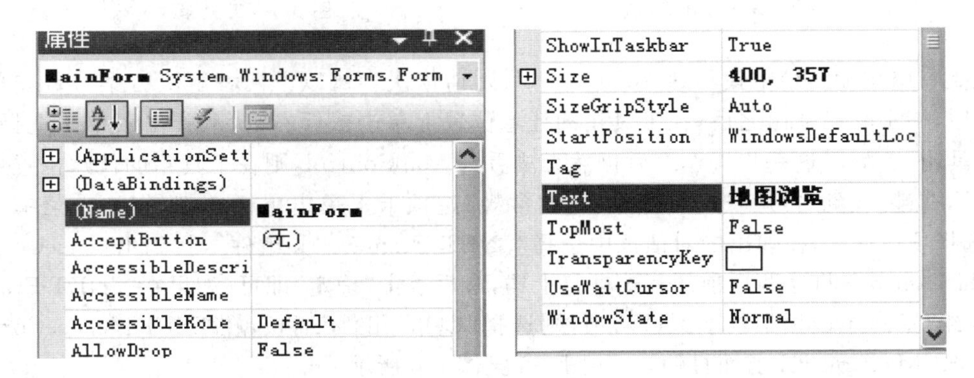

图 3-2　窗体命名

3.2.2　添加控件及引用

点击编译器最左侧的“工具箱”(不存在时可通过“视图/工具箱”打开),在弹出的选择项中找到ArcGIS Windows Forms项,单击其中的MapControl,之后在Form1的空白处单击鼠标左键不放并拖拽鼠标,直到调整MapControl到合适的大小再松开鼠标(您也可以直接在工具箱中双击MapControl,该控件则会自动加入Form1中)。用同样的方法,再将LicenseControl添加到Form1中,如图3-3和图3-4所示。

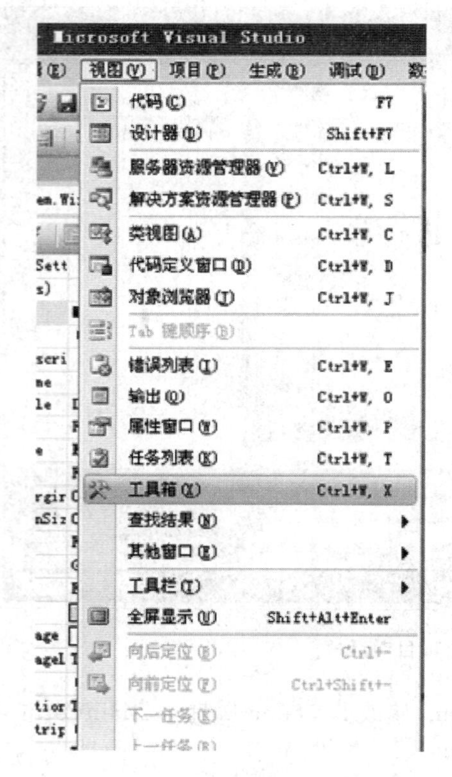

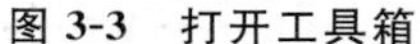
图 3-3　打开工具箱

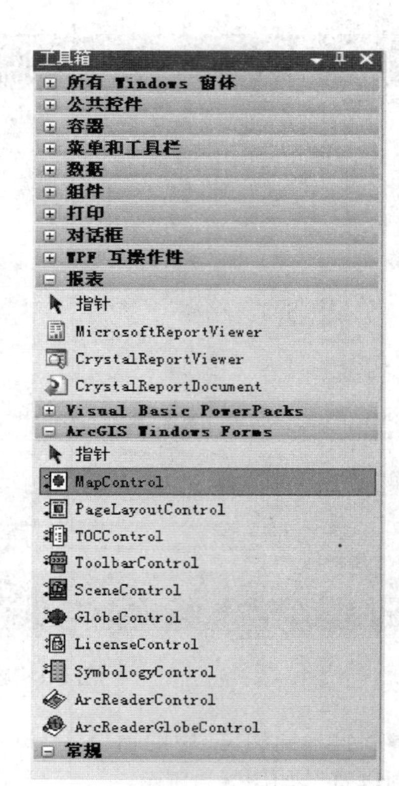

图 3-4　工具箱

如果您在工具箱中找不到MapControl,则请依次尝试以下两种解决方案。首先单击工具栏,待工具箱弹出之后,在工具箱的任意位置上单击鼠标右键,从弹出菜单中选择“重置工具箱”。如果这一步操作之后仍然无法看到MapControl,则在工具箱的任意位置上单击鼠标右键,找到“常规”选项卡,然后在“常规”选项卡上单击鼠标右键,在弹出菜单中单击“选择项(I)…”,在弹出的对话框中选择“.NET Framework组件”,找到LicenseControl和MapControl,将这两项前的复选框打上钩,最后点击“确定”即可(如果在“.NET Framework组件”这个面板中找不到这两项,则选择“COM组件”面板,在ESRI LicenseControl和ESRI MapControl前面打钩)。如图3-5至图3-8所示。

图 3-5　重置工具箱

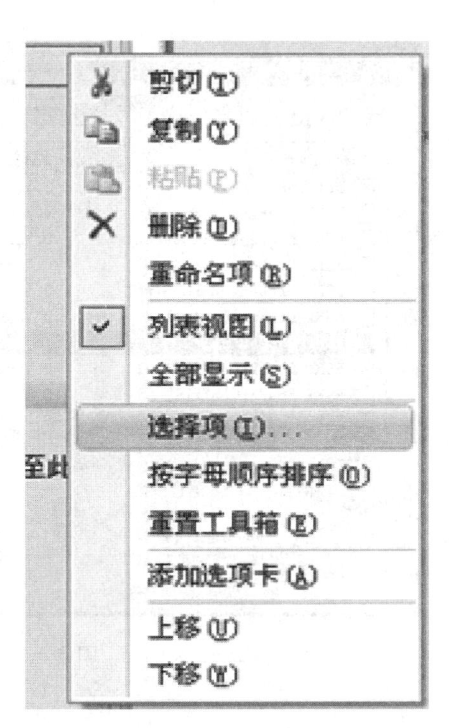

图 3-6　选择项

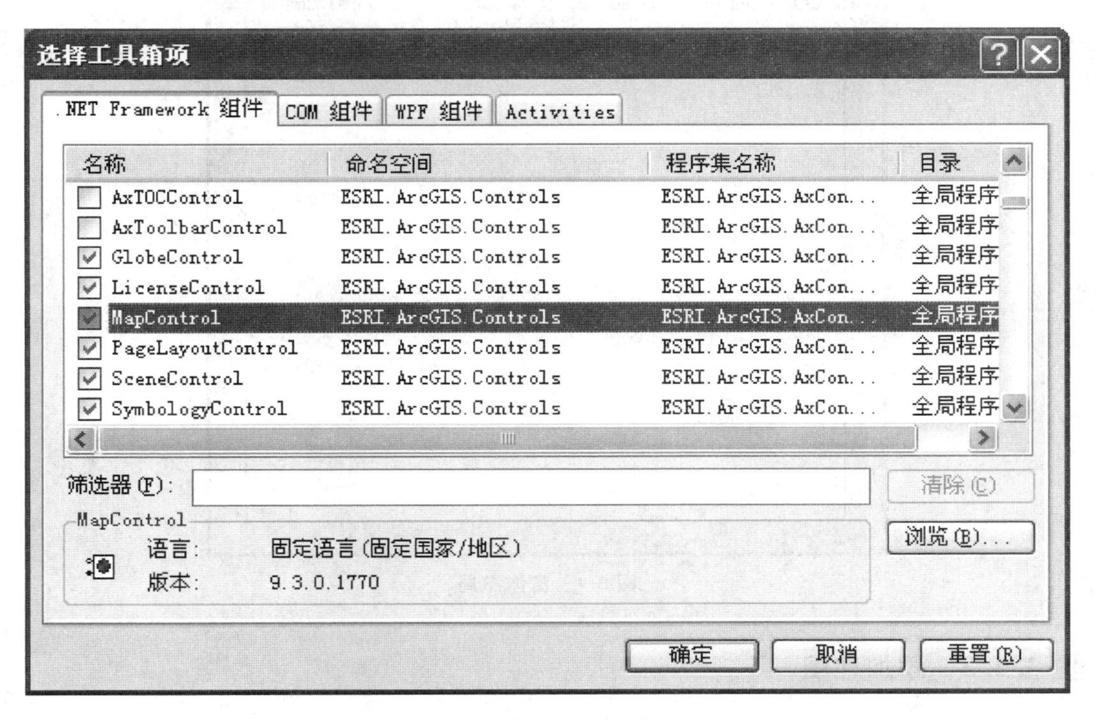

图 3-7　选择工具箱项(1)

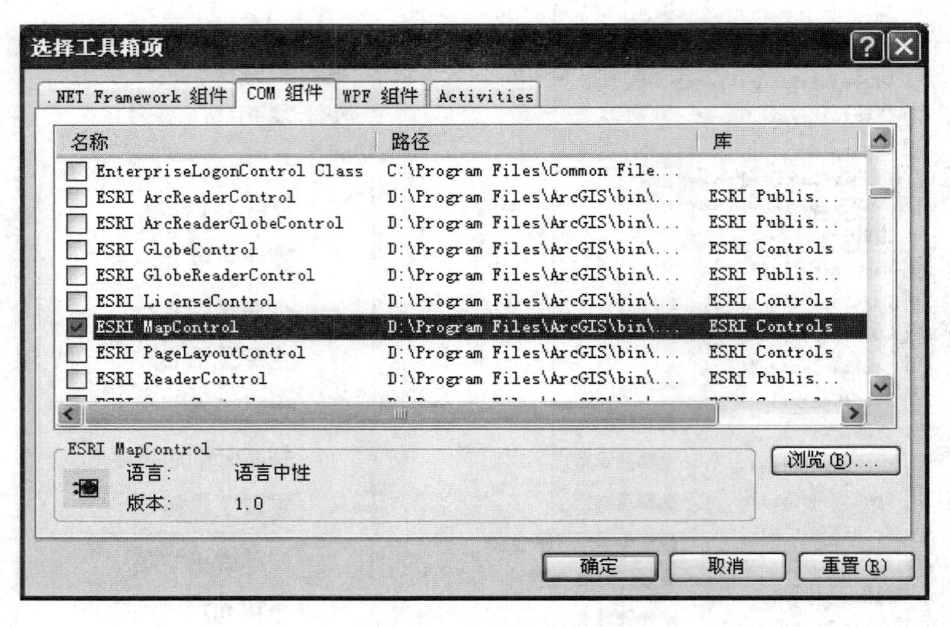

图 3-8　选择工具箱项(2)

添加好 MapControl 和 LicenseControl 之后，调整 Form1 和 MapControl 的位置与大小，如图 3-9 所示。

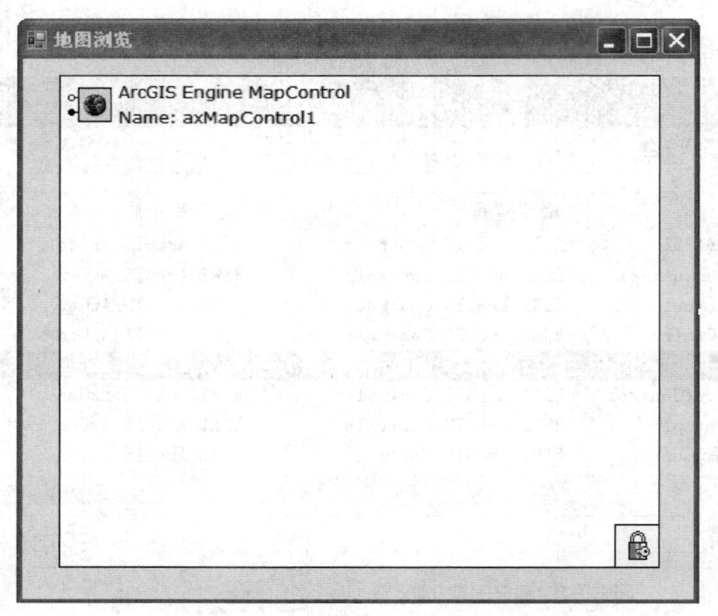

图 3-9　窗体布局

3.2.3　添加地图

在 MapControl 上单击鼠标右键，选择“属性”，则会弹出 MapControl 的属性设置面板，在之前也介绍过，通过这个面板可以完成许多简单的工作。

如图 3-10 所示，点击 Map 选项卡，之后点击 按钮，在弹出的对话框中选择路径为"……\GIS 设计与开发\例子数据\World"，再在此路径下选择 bou2_4p，点击 Open。之后在 MapControl 的属性页上点击"确定"即可。

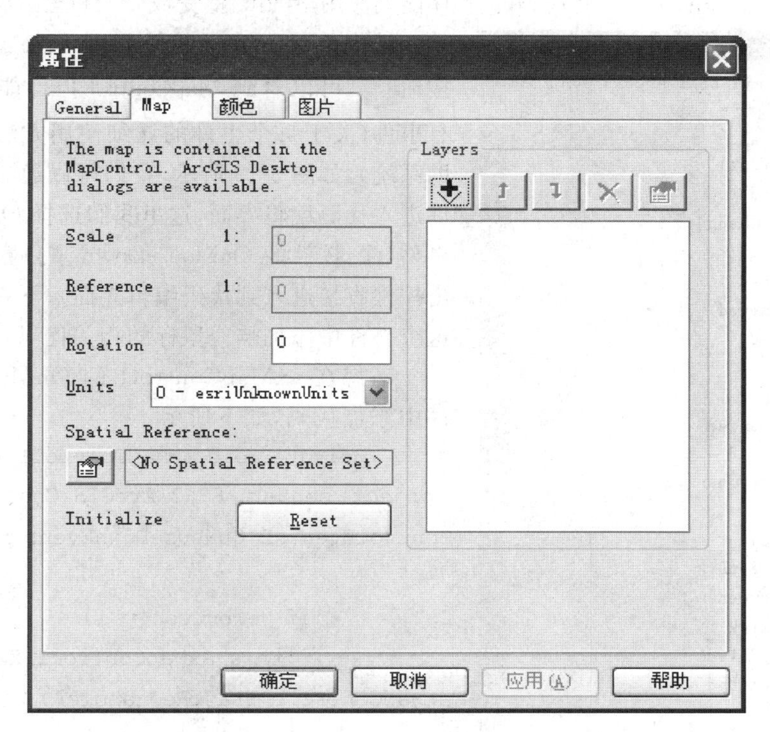

图 3-10　Map 选项卡

至此，我们已经完成了一个最简单的地图显示程序。点击"启动调试"按钮（或者在"调试"菜单下选择相应命令，或者按键盘的 F5 键），可以得到如图 3-11 所示的运行结果。

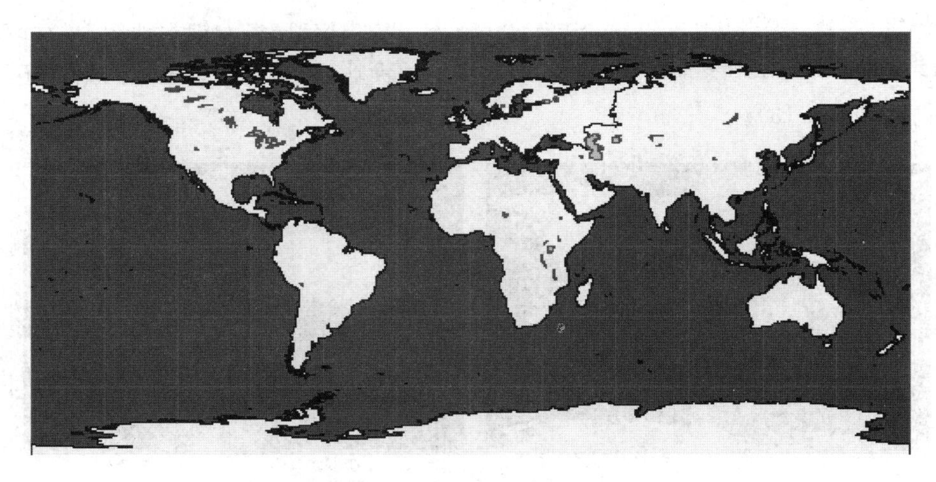

图 3-11　初次运行结果

3.2.4 添加代码

我们没有书写任何代码，就得到了一个最简单的地图显示程序。但这个程序还不能与用户交互，下一步我们需要添加一些代码，让程序能响应用户的鼠标，完成放大和全图显示的功能。

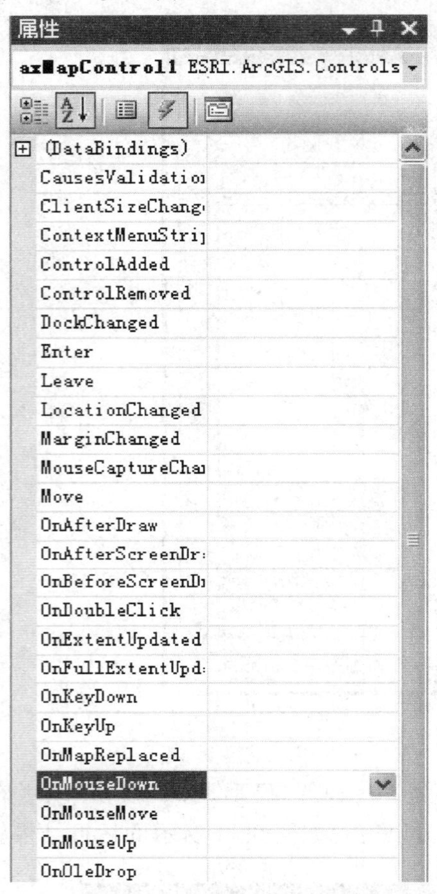

图 3-12 MapControl 控件支持的所有方法

选中 MapControl 控件，单击属性窗口中的事件按钮，可以看到 MapControl 控件能够响应的所有事件（关于每个事件的详细使用方法等请参见帮助系统），如图 3-12 所示，我们可以通过双击对应事件进入代码编辑界面，这里我们选择 OnMouseDown 事件（注：控件的 OnMouseDown 事件也可以通过双击控件直接进入到代码编辑界面），下一步就需要在这个事件中添加响应鼠标的相关代码。

请您在 axMapControl1 的 OnMouseDown 事件中添加代码，如下所示：

```
private void axMapControl1_OnMouseDown(object sender, ESRI.ArcGIS.Controls.IMapControlEvents2_OnMouseDownEvent e)
{
    if (e.button == 1)
        this.axMapControl1.Extent = this.axMapControl1.TrackRectangle();
    else if (e.button == 2)
        this.axMapControl1.Extent = this.axMapControl1.FullExtent;
}
```

再次运行程序，鼠标左键在地图上拉框可以实现地图的放大功能，而右键单击地图则会还原地图的全图显示（图 3-13）。

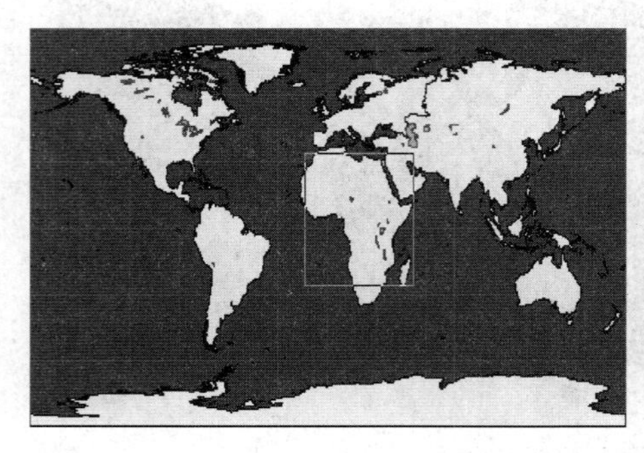
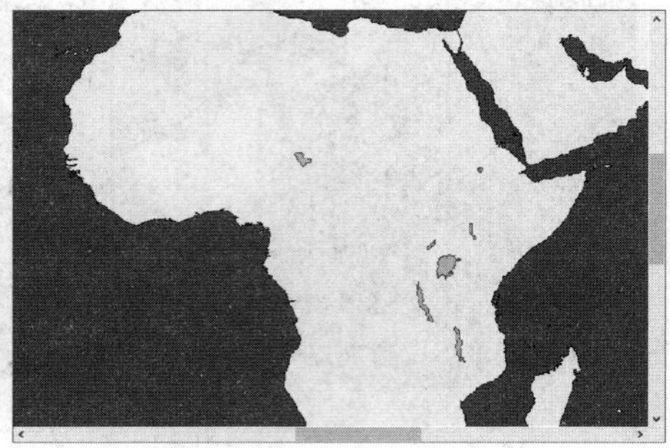

图 3-13 任意比例尺放大功能

如果将代码替换如下，则能实现左键放大、右键漫游的功能。

```
    private void axMapControl1_OnMouseDown(object sender,
ESRI.ArcGIS.Controls.IMapControlEvents2_OnMouseDownEvent e)
    {
        if (e.button == 1)
            this.axMapControl1.Extent = this.axMapControl1.TrackRectangle();
        else if (e.button == 2)
            this.axMapControl1.Pan();
    }
```

注释：

代码中根据e中包含的button值来判断鼠标的单击操作来自何处，若button值为1，则为鼠标左键；若button值为2，则代表鼠标右键；若button值为4，则代表鼠标中键。当判断得到是鼠标左键单击时，执行“this.axMapControl1.Extent＝this.axMapControl1.TrackRectangle();”，该语句调用了TrackRectangle()方法，这个方法是在地图上拖拽出一个矩形，之后将这个矩形赋值给当前地图的显示区域(Extent)，这样就实现了地图的放大功能。类似的，若鼠标右键单击，则将全图范围赋值给当前的显示范围，实现了地图的全图显示功能。

3.2.5 小结

通过这个例子，我们制作出了一个最简单的地图浏览程序AEMapView，并能响应一些基本的鼠标操作。在MapControl的属性页中，其实还有许多内容您可以尝试，例如在General选项卡中可以直接加入地图文件(*.mxd或者*.mxt)，您也可以利用刚才的方式一次性多加入一些图层而不仅仅加入bou2_4p一个，同时可以更改各图层的叠放次序，也可以在Data选项卡中设置地图的旋转角度(Rotation)等，您还可以设置MapControl的显示方式，是否支持地图的预览功能、边框样式等。您可以做一些尝试，看看能得到哪些有趣的结果，这些尝试对您今后熟悉ArcGIS Engine的开发是有一定帮助的。如果需要重置MapControl，只需要点击Data选项卡中的Reset按钮。当您完成了这个例子，并做了一些积极的尝试之后，您就可以接着学习下一节的内容了。

3.3 加载FGDB、Shapefile数据

数据加载是GIS中非常重要的一个功能，下面将分别介绍加载FGDB和加载Shapefile的制作方法。

3.3.1 添加控件

如果上一节的工程已经关闭，则将 SplitContainer 打开，如果您之后又在MapControl

中添加了一些别的数据，请将其删除，只保留一个 bou2_4p 图层，请务必注意这一步，这直接关系到您下面的工作能否顺利进行。用之前讲过添加控件的方式，在工具栏中找到 SpliterContainer 控件，在 MainForm 窗体中添加两个 SpliterContainer 控件。第一个用于分隔图层视图（TOCControl）和地图信息，采用默认布局“竖直”，左侧为 Panel1，右侧为 Panel2。第二个 SpliterContainer 添加到第一个的 Panel2 中，用于分隔地图视图（MapControl）和地图属性信息，采用“水平拆分器方向”得到的默认布局为竖直布局，如图 3-14 所示。

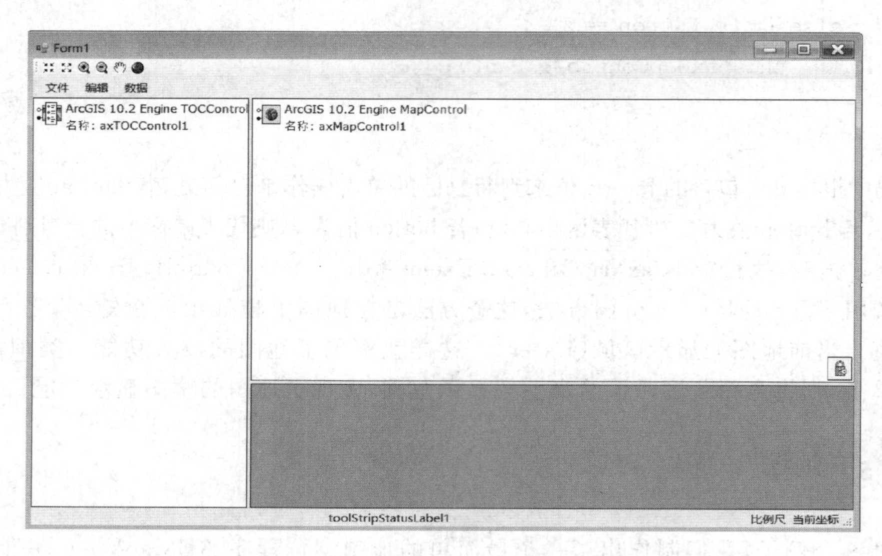

图 3-14　添加好 SpliterContainer 控件后的窗体布局

在菜单栏中“数据”选项下添加“加载 Shapefile”选项，如图 3-15 所示。

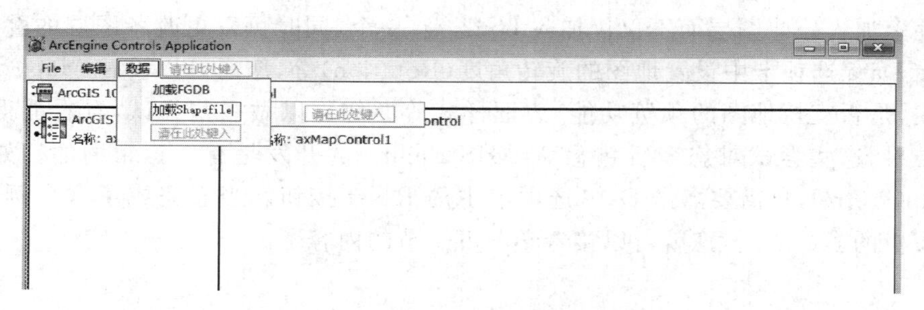

图 3-15　添加 Shapefile 选项

3.3.2　添加代码

首先添加引用，可以在项目的“解决方案资源管理器”窗口中单击展开“引用”选项，查看项目中已添加引用。这个项目中我们需要使用 ESRI. ArcGIS. Carto 和 ESRI. ArcGIS. Geodatabase 两个引用项，点击菜单栏上的“项目/添加引用”（或者在“解决方案资源管理器”窗口中右击“引用”，在弹出菜单中选择“添加引用”），在弹出的对话框中选择需要添加的引用，同时选择 ESRI. ArcGIS. Carto 和 ESRI. ArcGIS. Geodatabase（选择的时候按下 Ctrl 键以同时选择多个)，这里 ESRI. ArcGIS. Carto 在添加 MapControl 控件时已自动添加，我们只添加 ESRI. ArcGIS. Geodatabase，点击“确定”。见图 3-16。

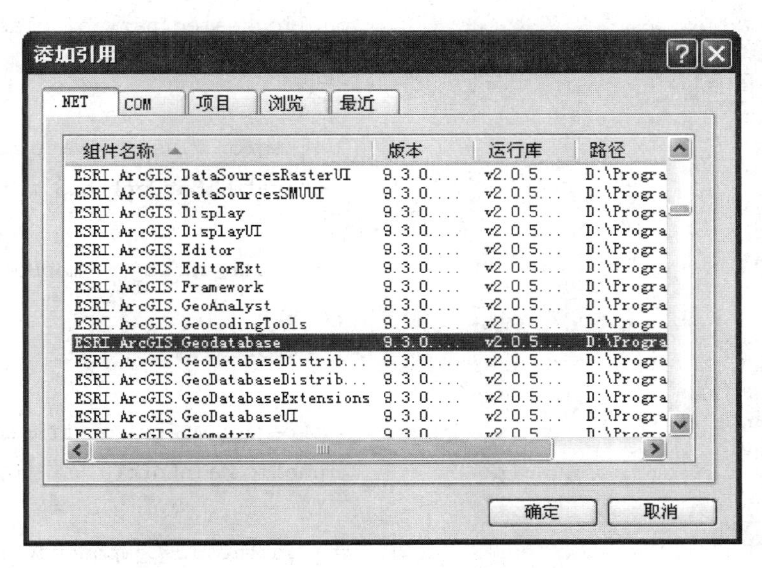

图 3-16　添加引用对话框

之后双击 TextBox 控件，进入代码编辑界面。在代码编辑区域的命名空间(namespace)的上方输入以下内容：

```
using ESRI. ArcGIS. Carto;
using ESRI. ArcGIS. Geodatabase;
```

如图 3-17 所示：

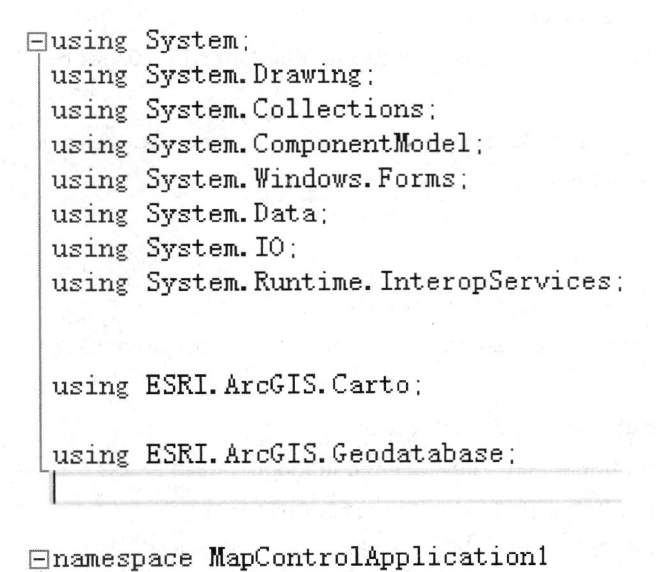

图 3-17　引用添加位置

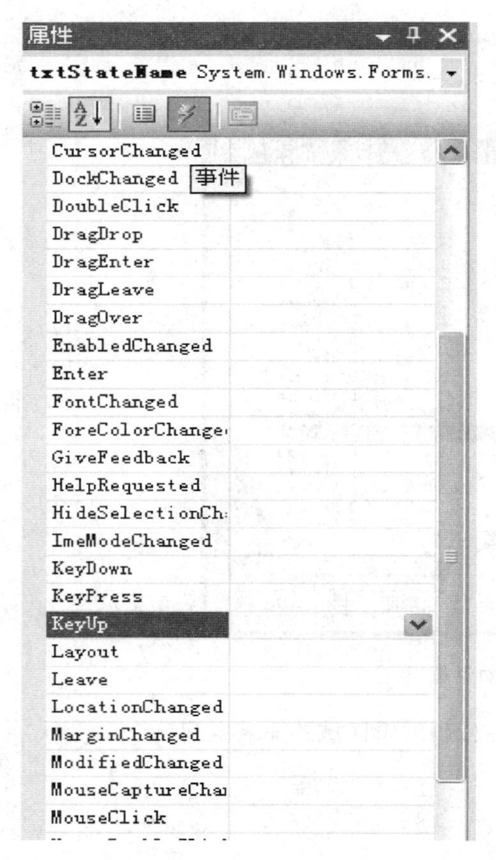

图 3-18　KeyUp 方法

之后在控件 TextBox 的事件中选择 KeyUp (图 3-18)，在 KeyUp 事件中添加以下代码：

```
public sealed partial class MainForm: Form
{
    #region class private members
    private IMapControl3 m_mapControl = null;
    private string m_mapDocumentName = string.Empty;
    #endregion

    #region class constructor
    public MainForm()
    {
      InitializeComponent();
    }
    #endregion

    private void MainForm_Load(object sender,EventArgs e)
    {
  //get the MapControl
  m_mapControl = (IMapControl3)axMapControl1.Object;

  //disable the Save menu(since there is no document yet)
  menuSaveDoc.Enabled = false;
}

#region Main Menu event handlers
private void menuNewDoc_Click(object sender,EventArgs e)
{
  //execute New Document command
  ICommand command = new CreateNewDocument();
  command.OnCreate(m_mapControl.Object);
  command.OnClick();
}
```

```
private void menuOpenDoc_Click(object sender,EventArgs e)
{

  ICommand command = new ControlsOpenDocCommandClass();
  command. OnCreate(m_mapControl. Object);
  command. OnClick();
}

private void menuSaveDoc_Click(object sender,EventArgs e)
{
  //execute Save Document command
  if (m_mapControl. CheckMxFile(m_mapDocumentName))
  {
    //create a new instance of a MapDocument
    IMapDocument mapDoc = new MapDocumentClass();
    mapDoc. Open(m_mapDocumentName,string. Empty);

    //Make sure that the MapDocument is not readonly
    if (mapDoc. get_IsReadOnly(m_mapDocumentName))
    {
        MessageBox. Show("Map document is read only!");
        mapDoc. Close();
        return;
    }

    //Replace its contents with the current map
    mapDoc. ReplaceContents((IMxdContents)m_mapControl. Map);

    //save the MapDocument in order to persist it
    mapDoc. Save(mapDoc. UsesRelativePaths,false);

    //close the MapDocument
      mapDoc. Close();
    }
}

private void menuSaveAs_Click(object sender,EventArgs e)
{
```

```
        //execute SaveAs Document command
        ICommand command = new ControlsSaveAsDocCommandClass();
        command.OnCreate(m_mapControl.Object);
        command.OnClick();
    }

    private void menuExitApp_Click(object sender,EventArgs e)
    {
        //exit the application
        Application.Exit();
    }
    #endregion

    //listen to MapReplaced event in order to update the statusbar and the Save menu
    private void axMapControl1_OnMapReplaced(object sender,
IMapControlEvents2_OnMapReplacedEvent e)
    {
        //get the current document name from the MapControl
        m_mapDocumentName = m_mapControl.DocumentFilename;

        //if there is no MapDocument,diable the Save menu and clear the statusbar
        if (m_mapDocumentName == string.Empty)
        {
            menuSaveDoc.Enabled = false;
            statusBarXY.Text = string.Empty;
        }
        else
        {
            //enable the Save manu and write the doc name to the statusbar
            menuSaveDoc.Enabled = true;
            statusBarXY.Text = Path.GetFileName(m_mapDocumentName);
        }
    }

    private void axMapControl1_OnMouseMove(object sender,
IMapControlEvents2_OnMouseMoveEvent e)
    {
        statusBarXY.Text = string.Format("{0},{1}  {2}",
```

```
e.mapX.ToString("#######.##"),e.mapY.ToString("#######.##"),
axMapControl1.MapUnits.ToString().Substring(4));
        }

        private void 第一菜单ToolStripMenuItem_Click(object sender,EventArgs e)
        {
          ICommand command = new EngineCmd1();
          command.OnCreate(m_mapControl.Object);
          command.OnClick();
        }

        private void 加载FGDBToolStripMenuItem_Click(object sender,EventArgs e)
        {
          ICommand command = new AddFGDB();
          command.OnCreate(m_mapControl.Object);
          command.OnClick();
        }

        private void cToolStripMenuItem_Click(object sender,EventArgs e)
        {
          Geoprocessor gp = new Geoprocessor();    //初始化Geoprocessor
          gp.OverwriteOutput = true;    //允许运算结果覆盖现有文件
          ESRI.ArcGIS.AnalysisTools.Buffer pBuffer = new
ESRI.ArcGIS.AnalysisTools.Buffer();//定义Buffer工具
          pBuffer.in_features = axMapControl1.Map.get_Layer(0);//输入对象,既
可是IFeatureLayer对象,也可是完整文件路径如“D:\\data.shp”
          pBuffer.out_feature_class = "C:\\buffer.shp";//pBuffer;    //输出
对象,一般是包含输出文件名的完整文件路径,如“D:\\buffer.shp”
          //设置缓冲区的大小,即可是带单位的具体数值,如0.1 Decimal Degrees;
也可是输入图层中的某个字段,如“BufferLeng”
          pBuffer.buffer_distance_or_field = 0.05;//"BufferLeng";
          pBuffer.dissolve_option = "ALL";    //支持融合缓冲区重叠交叉部分
          gp.Execute(pBuffer,null);              //执行缓冲区分析
          IFeatureLayer pFlayer = new FeatureLayerClass();
          pFlayer.FeatureClass = openShapeGDBData("C:\\","buffer.shp");
          axMapControl1.Map.AddLayer(pFlayer);
          axMapControl1.ActiveView.Refresh();
        }
```

```
        public IFeatureClass openShapeGDBData(string path,string strFeature-
ClassName)
        {
          try
          {
             IWorkspaceFactory2 wsFactory = new ShapefileWorkspaceFactory() as
IWorkspaceFactory2;
             IWorkspace workspace = wsFactory.OpenFromFile(path,0);
             IFeatureClass featureClass = ((IFeatureWorkspace)workspace).Open-
FeatureClass(strFeatureClassName);
             return featureClass;
          }
          catch(Exception ex)
          {
             string errinfo = ex.Message.ToString();
             return null;
          }
        }
        public IRasterLayer openRasterData(string path,string strName)
        {
          try
          {
             IWorkspaceFactory workspcFac = new RasterWorkspaceFactory();
             IRasterWorkspace rasterWorkspc;
             IRasterDataset rasterDataset = new RasterDataset();
             IRasterLayer rasterLayer = new RasterLayerClass();
             rasterWorkspc = workspcFac.OpenFromFile(path,0)as IRasterWorkspace;
             rasterDataset = rasterWorkspc.OpenRasterDataset(strName);
             rasterLayer.CreateFromDataset(rasterDataset);
             return rasterLayer;
          }
          catch(Exception ex)
          {
             string errinfo = ex.Message.ToString();
             return null;
          }
      }
   }
```

运行程序，鼠标单击数据菜单中的加载 FGDB、Shapefile，弹出文件选择文本框，点选 world. mdb 文件，打开文件。如图 3-19 和图 3-20 所示。

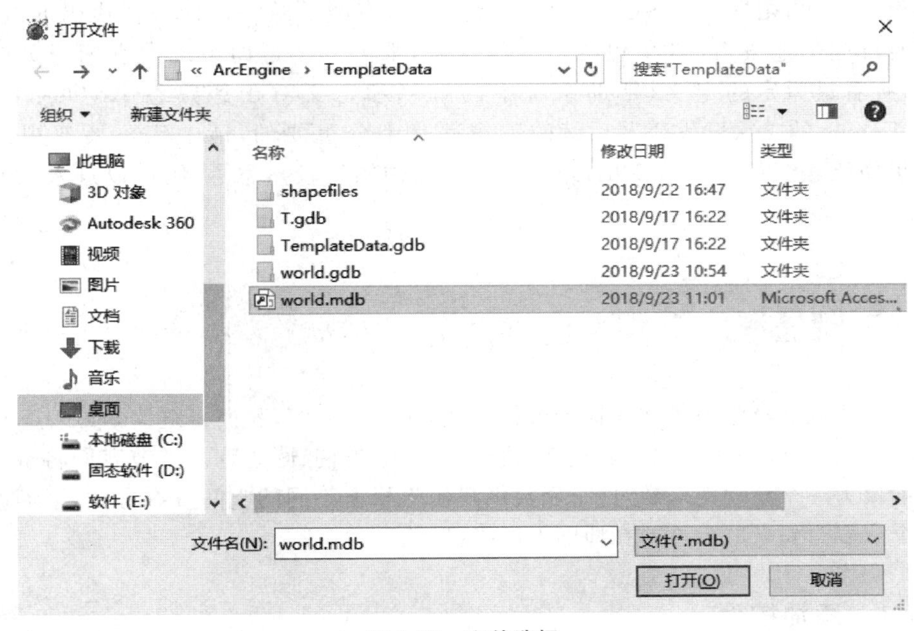

图 3-19　文件选择

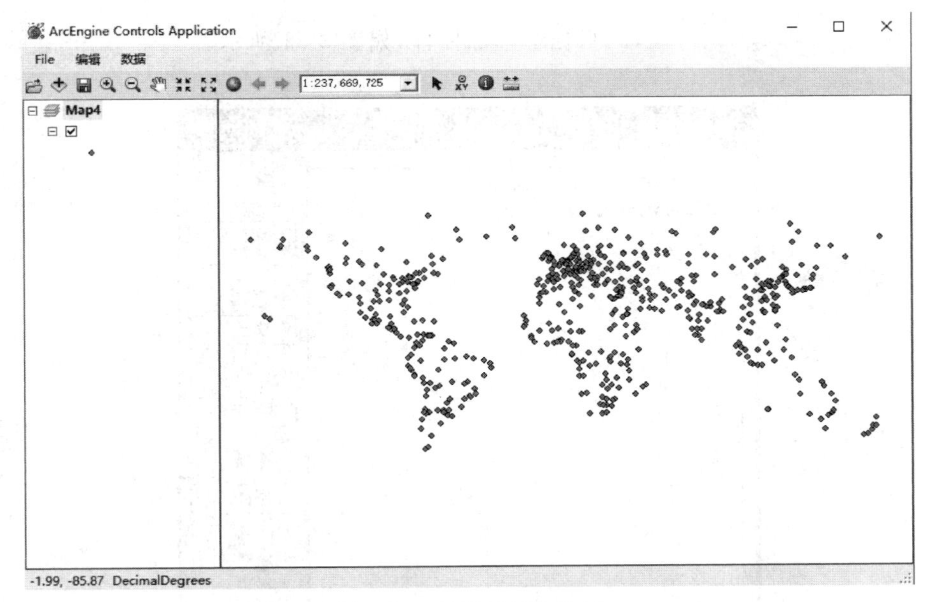

图 3-20　加载 FGDB 数据

3. 3. 3　小结

这一部分中，我们接触到了基本的加载数据。但是在这个例子中，我们不能实现对数据表中任意数据的加载(在这个程序中,我们只能加载 FGDB,而不能对别的数据进行加载)。为了使数据变得更加丰富,更加人性化,请您参考 IQueryFilter 接口中 WhereClause 属性的设置方法,拓展 WhereClause 可以得到许多有趣的结果。在书写代码的过程中,对任何有疑问的地方,或者您想要拓展的位置,都可以在帮助系统中查询相关的接口和属性,查看最原始的定义,帮助系统中的解释和定义对于您熟悉 ArcObjects,熟悉 ArcGIS Engine 的二次开发以及后续的工作都是十分重要的,请一定不要忽视这个环节。如果您已经尝试了一些变化,或者对本节的内容比较熟悉了,则可以进入下一节的学习。

3.4 空间查询

上一节我们已经学习了如何进行数据加载,在这一节中,我们将继续学习 GIS 中的一种查询方式——空间查询,包括点查询、线查询、矩形查询、圆查询。本节我们将空间查询的方法抽象为一个独立的函数,这个函数中我们将根据不同的空间查询方式,返回查询得到的一个或多个要素的名称并在地图上高亮显示。

3.4.1 添加控件

新建一个 C#.NET 工程,向工程中添加控件,如图 3-21 所示。

图 3-21 窗体布局

其中包括 MapControl,4 个 Button,1 个 TextBox,属性设置如表 3-1 所示。

表 3-1　窗体及控件属性设置

类型	Name	Text	用途
Form	MainForm	空间查询	主窗体
TextBox	txtTips	请在地图上选取地物!	系统操作提示
Button	btnPointQuery	点查询	点查询
Button	btnLineQuery	线查询	线查询
Button	btnRectQuery	矩形查询	矩形查询
Button	btnCircleQuery	圆查询	圆查询

通过在控件属性中添加地图的方法，向 MapControl 中添加例子数据(位于 China 文件夹下的 bou2_4p)，如图 3-22 所示。

图 3-22　添加数据

下面我们在 MainForm 的代码页添加空间查询的函数。本例中我们需要添加 ESRI. ArcGIS. Carto、ESRI. ArcGIS. Geometry、ESRI. ArcGIS. Geodatabase、ESRI. ArcGIS. Controls 4 个命名空间。

我们仍然需要上节中的 ConvertPixelToMapUnits(IActiveView activeView，double pixelUnits)函数，请自行添加。

3. 4. 2　添加代码

先在类中添加一个公共函数，用来根据屏幕像素计算实际的地理距离。

```
///<summary>
///根据屏幕像素计算实际的地理距离
///</summary>
///<param name = "activeView">屏幕视图</param>
///<param name = "pixelUnits">像素个数</param>
///<returns>实际的地理距离</returns>
private double ConvertPixelToMapUnits(IActiveView activeView, double pixelUnits)
{
  double realWorldDiaplayExtent;
  int pixelExtent;
  double sizeOfOnePixel;
  double mapUnits;

  //获取设备中视图显示宽度，即像素个数
  pixelExtent = activeView.ScreenDisplay.DisplayTransformation.get_DeviceFrame
```

```
(). right-activeView. ScreenDisplay. DisplayTransformation. get_DeviceFrame (). left;
        //获取地图坐标系中地图显示范围
        realWorldDiaplayExtent =
activeView. ScreenDisplay. DisplayTransformation. VisibleBounds. Width;
        //每个像素大小代表的实际距离
        sizeOfOnePixel = realWorldDiaplayExtent/pixelExtent;
        //地理距离
        mapUnits = pixelUnits * sizeOfOnePixel;

        return mapUnits;
    }
```

然后添加空间查询的方法,空间查询函数代码如下:

```
    ///<summary>
    ///空间查询
    ///</summary>
    ///<param name = "mapControl">MapControl</param>
    ///<param name = "geometry">空间查询方式</param>
    ///<param name = "fieldName">字段名称</param>
    ///<returns>查询得到的要素名称</returns>
    private string QuerySpatial (AxMapControl mapControl, IGeometry geometry,
string fieldName)
    {
        //本例添加一个图层进行查询,多个图层时返回
        if (mapControl. LayerCount>1)
            return null;

        //清除已有选择
        mapControl. Map. ClearSelection();

        //查询得到的要素名称
        string strNames = null;

        IFeatureLayer pFeatureLayer;
        IFeatureClass pFeatureClass;
        //获取图层和要素类,为空时返回
        pFeatureLayer = mapControl. Map. get_Layer(0)as IFeatureLayer;
        pFeatureClass = pFeatureLayer. FeatureClass;
        if (pFeatureClass == null)
```

```
    return null;

  //初始化空间过滤器
  ISpatialFilter pSpatialFilter;
  pSpatialFilter = new SpatialFilterClass();
  pSpatialFilter.Geometry = geometry;
  //根据图层类型选择缓冲方式
  switch(pFeatureClass.ShapeType)
  {
      case esriGeometryType.esriGeometryPoint:
          pSpatialFilter.SpatialRel = esriSpatialRelEnum.esriSpatialRel-
Contains;
          break;
      case esriGeometryType.esriGeometryPolyline:
          pSpatialFilter.SpatialRel = esriSpatialRelEnum.esriSpatialRel-
Crosses;
          break;
      case esriGeometryType.esriGeometryPolygon:
          pSpatialFilter.SpatialRel = esriSpatialRelEnum.esriSpatialRe-
lIntersects;
          break;
  }
  //定义空间过滤器的空间字段
  pSpatialFilter.GeometryField = pFeatureClass.ShapeFieldName;

  IQueryFilter pQueryFilter;
  IFeatureCursor pFeatureCursor;
  IFeature pFeature;
  //利用要素过滤器查询要素
  pQueryFilter = pSpatialFilter as IQueryFilter;
  pFeatureCursor = pFeatureLayer.Search(pQueryFilter,true);
  pFeature = pFeatureCursor.NextFeature();

  int fieldIndex;
  while (pFeature != null)
  {
      //选择指定要素
      fieldIndex = pFeature.Fields.FindField(fieldName);
```

```
            //获取要素名称
            strNames = strNames + pFeature.get_Value(fieldIndex) + ";";
            //高亮选中要素
            mapControl.Map.SelectFeature((ILayer)pFeatureLayer,pFeature);
            mapControl.ActiveView.Refresh();
            pFeature = pFeatureCursor.NextFeature();
        }

        return strNames;
    }
```

定义鼠标标记的成员变量 mMouseFlag。在设计页面双击“点查询”按钮，进入点击按钮响应事件填写如下代码。

```
    private void btnPointQuery_Click(object sender,EventArgs e)
    {
        mMouseFlag = 1;
        this.axMapControl1.MousePointer = esriControlsMousePointer.esriPointer-
Crosshair;
    }
```


相应的线查询、矩形查询、圆查询添加同样的代码，但 nMouseFlag 的值要有所改变。

线查询：nMouseFlag = 2

矩形查询：nMouseFlag = 3

圆查询：nMouseFlag = 4

为 MapControl 控件添加 OnMouseDown 事件，填入以下代码：

```
    private void axMapControl1_OnMouseDown(object sender,IMapControlEvents2_
OnMouseDownEvent e)
    {
        //记录查询到的要素名称
        string strNames = "查询到的要素为:";
        //查询的字段名称
        string strFieldName = "NAME";
        //点查询
        if (mMouseFlag == 1)
        {
            IActiveView pActiveView;
            IPoint pPoint;
            double length;
            //获取视图范围
            pActiveView = this.axMapControl1.ActiveView;
```

```
            //获取鼠标点击屏幕坐标
             pPoint = pActiveView.ScreenDisplay.DisplayTransformation.ToMapPoint
(e.x,e.y);
            //屏幕距离转换为地图距离
            length = ConvertPixelToMapUnits(pActiveView,2);

            ITopologicalOperator pTopoOperator;
            IGeometry pGeoBuffer;
            //根据缓冲半径生成空间过滤器
            pTopoOperator = pPoint as ITopologicalOperator;
            pGeoBuffer = pTopoOperator.Buffer(length);
            strNames = strNames + QuerySpatial(this.axMapControl1,
pGeoBuffer,strFieldName);
          }
          else if (mMouseFlag == 2)//线查询
          {
            strNames = strNames + QuerySpatial(this.axMapControl1,
this.axMapControl1.TrackLine(),strFieldName);
          }
          else if (mMouseFlag == 3)//矩形查询
          {
            strNames = strNames + QuerySpatial(this.axMapControl1,
this.axMapControl1.TrackRectangle(),strFieldName);
          }
          else if (mMouseFlag == 4)//圆查询
          {
            strNames = strNames + QuerySpatial(this.axMapControl1,
this.axMapControl1.TrackCircle(),strFieldName);
          }
          else
          {
            strNames = "未得到空间要素!";
          }
          //提示框显示提示
          this.txtTips.Text  = strNames;
      }
```

注释:

距离转换函数请参看程序注释。

Button 的 Click 事件中是将 nMouseFlag 设置为 1,并将鼠标在 MapControl 上的形状改变为十字丝状。

```
//获取视图范围
pActiveView = this.axMapControl1.ActiveView;
//获取鼠标点击屏幕坐标
pPoint = pActiveView.ScreenDisplay.DisplayTransformation.ToMapPoint(e.x,e.y);
//屏幕距离转换为地图距离
length = ConvertPixelToMapUnits(pActiveView,2);
```

上述代码是在 MapControl 的 OnMouseDown 事件中,当您单击鼠标左键的时候,获取点击位置的屏幕坐标,并将屏幕上的两个像素大小的距离转换成地图上的距离,作为查询的缓存半径。

```
//根据缓冲半径生成空间过滤器
pTopoOperator = pPoint as ITopologicalOperator;
pGeoBuffer = pTopoOperator.Buffer(length);
pSpatialFilter = new SpatialFilterClass();
pSpatialFilter.Geometry = pGeoBuffer;
```


上述代码是以鼠标的点击位置,以缓冲距离 length 为半径,生成一个缓冲区。

```
pSpatialFilter = new SpatialFilterClass();
pSpatialFilter.Geometry = pGeoBuffer;
//根据图层类型选择缓冲方式
switch(pFeatureClass.ShapeType)
{
  case esriGeometryType.esriGeometryPoint:
    pSpatialFilter.SpatialRel = esriSpatialRelEnum.esriSpatialRelContains;
    break;
  case esriGeometryType.esriGeometryPolyline:
    pSpatialFilter.SpatialRel = esriSpatialRelEnum.esriSpatialRelCrosses;
    break;
  case esriGeometryType.esriGeometryPolygon:
    pSpatialFilter.SpatialRel = esriSpatialRelEnum.esriSpatialRelInter-
sects;
    break;
}
//定义空间过滤器的空间字段
  pSpatialFilter.GeometryField = pFeatureClass.ShapeFieldName;
```

上述代码是设置 pSpatialFilter 的各项参数,供后续查询,包括空间查询的几何形状(之前生成的缓冲区)、空间查询的方式(相交、包含等)以及 Shape 字段。

```
fieldIndex = pFeature.Fields.FindField("NAME");
```

```
MessageBox.Show("查找到"" + pFeature.get_Value(fieldIndex) + """,""提示");
```

这两句代码是找出“NAME”所在的列数,并将其显示出来。

点击运行,运行效果如图3-23所示。

图3-23 线查询运行效果

仔细研读代码,您会发现,在这部分中我们并没有用到什么新的知识,只是在结构上做了调整。因为空间查询都是需要使用一个IGeometry对象进行空间求交进行查询的,所以我们将公共的代码放在公共的模块中进行调用。有心的同学可能发现,我们为了判断用户在MapControl上的操作,引入了一个全局变量nMouseFlag,程序中多一个全局变量,对程序结构的封闭性就有所破坏,能不能去掉这个全局变量而使Mapcontrol自主判断是哪个功能进行操作呢?答案是肯定的,我们可以使用BaseCommand和BaseTool来完成这个工作,详细用法将会在3.5和3.6节中介绍。

3.4.3 小结

在这一节中,我们学习了如何进行简单的空间查询。空间查询不仅包括点查询,还包括线查询、矩形查询、多边形查询等(为了实现这些功能,可以参考MapControl中的TrackRectangle等方法)。对于这一节的代码,强烈建议您参看帮助系统中对相关接口的解释和定义,以进一步熟悉接口的使用,这对后面的学习以及掌握ArcGIS Engine二次开发是极有好处的。如果您对这一部分比较熟悉了,可以进入下一节。在第3章中,我们介绍了控件命令(Control Commands),并提到ArcGIS Engine允许用户自定义开发一些控件命令,在下面两节中,我们将具体学习如何开发。

3.5 BaseCommand 开发实例

在这一节和下一节中，我们将学习 ArcEngine 中基于 BaseCommand 和 BaseTool 的功能开发步骤。基于 BaseCommand 的功能实现与 Button 的功能类似，是当鼠标点击按钮的时候，MapControl 控件会对其中的命令做出相应响应而无需额外的操作，如 ArcMap 中的居中放大 FixedZoomIn、全图 FullExtent 等。

在这一节中，我们将基于 BaseCommand 制作一个"固定比例尺放大"的按钮，当鼠标单击按钮时，地图将居中放大一倍。

3.5.1 添加控件

如果上一节的程序已经关闭，则重新打开，同时保证 MapControl 控件中加载了至少一个图层。在主窗体(MapViewForm)中添加一个 Button，将其 Name 属性改为 btnFixedZoomIn，Text 属性更改为"居中放大"。

3.5.2 添加 BaseCommand

点击菜单栏上的"项目"→"添加类"，弹出如图 3-24 所示对话框。在类别中选择 ArcGIS 项，在右侧的模板中选择 BaseCommand 项，并在名称中将其更改为 FixedZoomIn，点击"添加"，出现如图 3-25 所示对话框。

我们这个命令是用于 MapControl 控件的，所以在选择项中选择"ArcMap，MapControl or PageLayoutControl Command"或者"MapControl or PageLayoutControl Command"，这里我们选择后者，点击 OK。

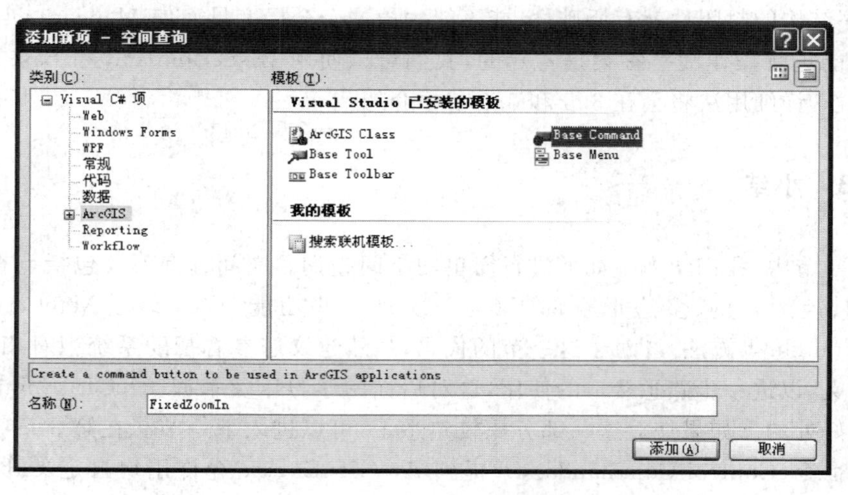

图 3-24 添加新项对话框

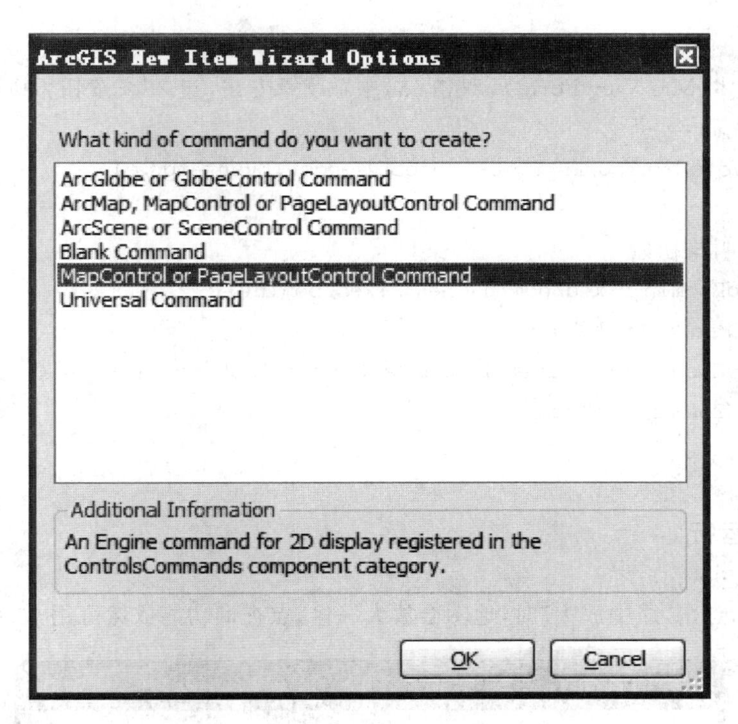

图 3-25　类别选择向导

3.5.3　添加代码

双击解决方案资源管理器中的 FixedZoomIn. cs 项，进入该类的代码编写界面。首先按照前几节介绍过的方法，加入引用 ESRI. ArcGIS. Geometry，并在该类的最上方添加如下代码：

```
using ESRI.ArcGIS.Carto;
using ESRI.ArcGIS.Geometry;
```

将 base. m_caption、base. m_toolTip 更改为“居中放大”，将 base. m_name 更改为 FixedZoomIn。之后在 OnClick()函数中添加如下代码：

```
public override void OnClick()
{
    //TODO:Add FixedZoomIn.OnClick implementation
    //获取当前视图范围
    IActiveView pActiveView = m_hookHelper.ActiveView;
    IEnvelope pEnvelope = pActiveView.Extent;
    //扩大视图范围并刷新视图
    pEnvelope.Expand(0.5,0.5,true);
    pActiveView.Extent = pEnvelope;
    pActiveView.Refresh();
```

```
}
```

转到主窗体(MapViewForm),双击“居中放大”按钮,进入该按钮 Click 事件相应函数,添加如下代码:

```
private void btnZoomIn_Click(object sender,EventArgs e)
{
    //声明与初始化
    FixedZoomIn fixedZoomin = new FixedZoomIn();
    //与 MapControl 关联
    fixedZoomin.OnCreate(this.axMapControl1.Object);
    fixedZoomin.OnClick();
}
```

3.5.4 运行

运行程序,点击“居中放大”时,地图会放大一倍,点查询功能依然可用,如图 3-26 所示。

图 3-26 程序运行结果

3.5.5 小结

在这一节中,我们学习了如何制作一个 BaseCommand。使用 BaseCommand 的好处主要有:首先按照面向对象的思想,居中放大这个功能已经被封装在我们自己书写的类中，若是以后需要再将这个功能移植到别的程序，或者由多个程序员共同完成一个程序时，只需要将这个类复制到相关工程下，稍作调整即可运行；其次，这样做可以使代码更易读，而且当需要完成许多不同的功能时，这种方法的优势就体现出来了，因为我们不需要再单独设立一个 MouseFlag 变量来判断具体用户点击了哪个按钮，MapControl 的 OnMouseDown 事件中也无需再添加冗长的代码，而是分散到各类中，增强了程序的稳定性。在新建 FixedZoomIn 类的同时，我们发现还会附带生成一个 FixedZoomIn. bmp 位图文件，您可以双击这个图标做相关编辑更改工作，也可以用自己的图标来替换（注意保持文件名一致）。这个图标的作用，是在使用 ToolbarControl 的时候，用于显示按钮图标的。您可以尝试着在工程中加入一个 ToolbarControl，并使用 AddItem 方法添加我们写好的这个类，看能否得到一样的结果。

使用 ArcEngine 自带的 BaseCommand 基类，可以方便地开发出相关的 Command 按钮，从这个实例我们可以看出，根据 Command 按钮随鼠标点击 MapControl 及时响应的特性，我们一般只需要重载 BaseCommand 的 OnClick()函数即可。然后在功能的实现处首先调用 OnCreate()函数实现与 MapControl 的关联，调用 OnClick()函数实现功能响应。这样有效地提高了我们进行功能开发的效率。

其实，对于一些基本的地图操作 Command 的功能，ArcEngine 进行了完整的封装，我们在使用时可以直接使用 ArcEngine 的封装类进行实例化。仍以"固定比例尺放大"为例，我们可以在"居中放大"按钮的 Click 事件中直接使用 ArcEngine 的封装类实现（注意：在这个示例中需要添加 ESRI. ArcGIS. SystemUI 和 ESRI. ArcGIS. Controls 的引用），代码如下：

```
ICommand command = new ControlsMapZoomInFixedCommandClass();
command.OnCreate(this.axMapControl1.Object);
command.OnClick();
```

这种方法比我们基于 BaseCommand 的开发方法更加简便，我们在此介绍的目的是为了让大家掌握这种基本的开发方法，方便用于其他 Command 功能的开发。如果您对本小节的内容比较熟悉，也做了一些积极的尝试，那么您可以进入下一节的学习。在下一节中我们将学习 BaseTool 的开发方法。

3.6 BaseTool 开发实例

经过上一节的学习，我们了解到了如何自定义 BaseCommand 来拓展 ArcGIS 的应用。这一节我们将学习基于 BaseTool 的自定义功能开发，BaseTool 与 BaseCommand 有些相似的地方，它们都是点击之后可以对 MapControl 控件做相应的操作，但是 BaseCommand 点击之后 MapControl 会直接予以响应，不需要额外的操作，而对于 BaseTool 来说，点击该功能之后，只是开启一个交互的过程，需要用户再用鼠标、键盘等对地图做进一步交互式的操作，MapControl 控件才会予以响应，如 ArcMap 中的放大 ZoomIn、漫游 Pan 等。

为了理解 BaseTool 与 BaseCommand 功能实现的差异，在这一节中，我们将剖析 ArcMap 的放大(ZoomIn)功能，并利用 BaseTool 进行实现。

3.6.1 打开工程

我们需要在上一节的基础上继续完善，如果您已经将 MapView 关闭，请重新打开。在主窗体(MapViewForm)中添加一个 Button，将其 Name 属性改为 btnZoomIn，Text 属性更改为“拉框放大”。

3.6.1.1 添加 BaseTool

在菜单栏上选择“项目”→“添加类”，出现如图 3-27 所示对话框。在类别中选中 ArcGIS，在模板中选择 BaseTool，并将名称更改为 ZoomIn，点击“添加”，出现如图 3-28 所示对话框。

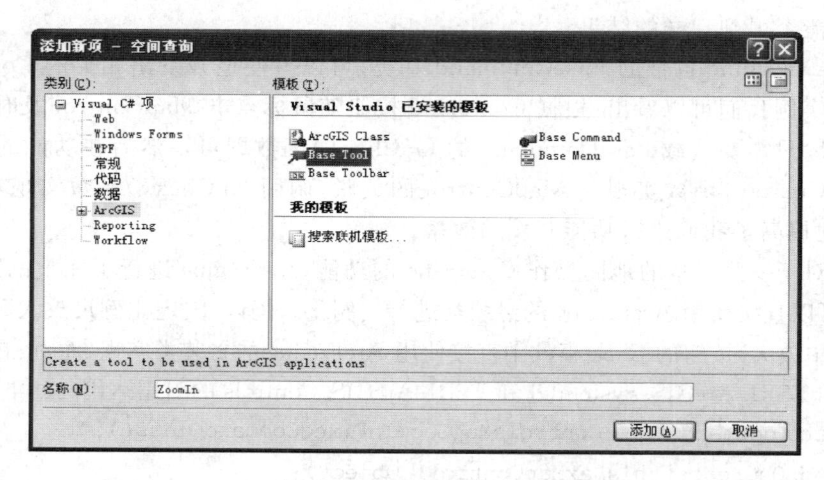

图 3-27　添加新项对话框

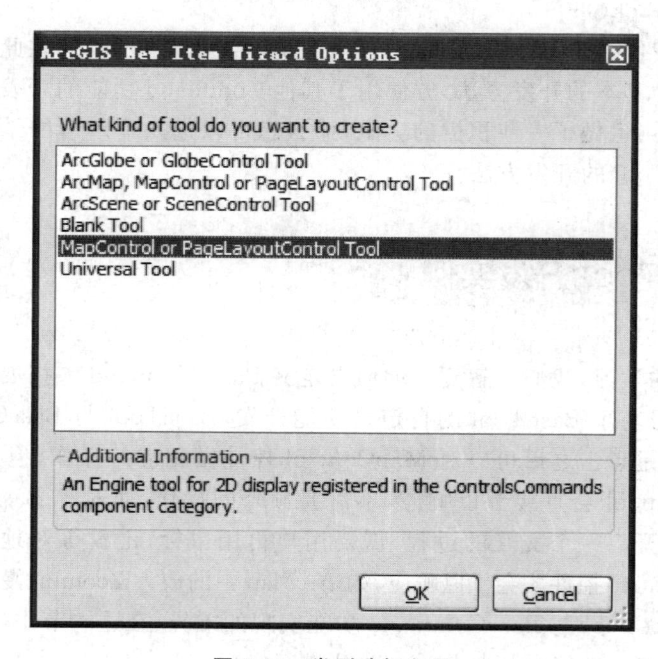

图 3-28　类别选择向导

我们这个工具是要用于 MapControl，仍选择 MapControl or PageLayoutControl Command，点击 OK。

3.6.2 添加代码

双击解决方案资源管理器中的 ZoomIn.cs，进入该类的代码编写界面。

首先添加 ESRI.ArcGIS.Carto、ESRI.ArcGIS.Geodatabase、ESRI.ArcGIS.Geometry、ESRI.ArcGIS.Display 4 个引用，类似的，将 base.m_caption、base.m_toolTip 更改为"拉框放大"，将 base.m_name 更改为 ZoomIn。

我们简单分析一下拉框放大的执行过程，点击"拉框放大"按钮后，鼠标在 MapControl 的视图中的拉框过程可以分解为 3 个事件，鼠标在视图上的按下(MouseDown)，鼠标按下在视图上的移动(MouseMove)，鼠标放开(MouseUp)，我们需要在鼠标按下时刻和放开时刻记录鼠标点击的坐标，然后可以得到一个新的视图范围，完成放大操作。

下面添加代码，首先我们需要在这个类中定义 3 个成员变量，3 个成员变量的功能如注释所示。

```
//记录鼠标位置
private IPoint m_point;
//标记 MouseDown 是否发生
private Boolean m_isMouseDown;
//追踪鼠标移动产生新的 Envelope
private INewEnvelopeFeedback m_feedBack;
```

在 ZoomIn.cs 类的 OnMouseDown 函数中添加如下代码：

```
public override void OnMouseDown(int Button,int Shift,int X,int Y)
  {
      //当前地图视图为空时返回
      if (m_hookHelper.ActiveView == null)
          return;
      //获取鼠标点击位置
      m_point = m_hookHelper.ActiveView.ScreenDisplay.DisplayTransformation.To-
MapPoint(X,Y);
      m_isMouseDown = true;
  }
```

在 ZoomIn.cs 类的 OnMouseMove 函数中添加如下代码：

```
public override void OnMouseMove(int Button,int Shift,int X,int Y)
{
    //MouseDown 未发生时返回
    if (! m_isMouseDown)
        return;
```

```
        IActiveView pActiveView = m_hookHelper.ActiveView;
        //m_feedBack 追踪鼠标移动
        if (m_feedBack == null)
        {
            m_feedBack = new NewEnvelopeFeedbackClass();
            m_feedBack.Display = pActiveView.ScreenDisplay;
            //开始追踪
            m_feedBack.Start(m_point);
        }
        //追踪鼠标移动位置
        m_feedBack.MoveTo(pActiveView.ScreenDisplay.DisplayTransformation.To-
MapPoint(X,Y));
    }
```

在 ZoomIn.cs 类中的 OnMouseUp 函数中添加如下代码：

```
    public override void OnMouseUp(int Button,int Shift,int X,int Y)
    {
        //MouseDown 未发生时返回
        if (! m_isMouseDown) return;

        IActiveView pActiveView = m_hookHelper.ActiveView;

        //获取 MouseUp 发生时的范围并放大
        IEnvelope pEnvelope;
        if (m_feedBack  ==  null)//鼠标未拉框时进行固定比例尺放大
        {
          pEnvelope = pActiveView.Extent;
          pEnvelope.Expand(0.5,0.5,true);
          pEnvelope.CenterAt(m_point);
        }
        else
        {
          //停止追踪
          pEnvelope = m_feedBack.Stop();

          //判断新的范围的高度和宽度是否为零
          if (pEnvelope.Width  ==  0 || pEnvelope.Height  ==  0)
          {
            m_feedBack = null;
```

```
            m_isMouseDown = false;
        }
    }
    //获取新的范围
    pActiveView.Extent = pEnvelope;
    //刷新视图
    pActiveView.Refresh();
    m_feedBack = null;
    m_isMouseDown = false;
}
```

再进入 MapViewForm 窗体的代码界面，定义成员变量：

```
private ZoomIn mZoomIn = null;
```

双击 MapViewForm 窗体上的"拉框放大"按钮，进入 Click 事件响应函数，将其中的代码删除，用下列代码替代：

```
private void btnZoomIn_Click(object sender,EventArgs e)
{
    //初始化
    mZoomIn = new ZoomIn();
    //与 MapControl 的关联
    mZoomIn.OnCreate(this.axMapControl1.Object);
    //设置鼠标形状
    this.axMapControl1.MousePointer = esriControlsMousePointer.esriPointerZoomIn;
}
```

将 MapControl 控件的 OnMouseDown 响应函数中的内容全部删除，添加代码如下：

```
if (mZoomIn != null)
    mZoomIn.OnMouseDown(e.button,e.shift,e.x,e.y);
```

在 MapControl 控件的 OnMouseMove 响应函数中添加代码如下：

```
if (mZoomIn != null)
    mZoomIn.OnMouseMove(e.button,e.shift,e.x,e.y);
```

在 MapControl 控件的 OnMouseUp 响应函数中添加代码如下：

```
if (mZoomIn != null)
    mZoomIn.OnMouseUp(e.button,e.shift,e.x,e.y);
```

3.6.3　运行

如图 3-29 所示，首先点击"拉框放大"按钮，然后在 MapControl 中按下鼠标拉框，即可完成放大，点击不拖动鼠标情况下为居中放大。

图 3-29　程序运行结果

3.6.4　小结

在这一节中，我们学习了如何制作 BaseTool，正如前一节的小结中写到的那样，当有许多功能（如漫游、点查询等）时，由于 BaseTool 在生成的时候会自动和 MapControl 控件关联起来。在这个例子中，我们通过重载自定义了 OnMouseDown、OnMouseMove 和 OnMouseUp 3 个函数，实现 Tool 类型功能的响应。当然，这里的拉框放大功能在 ArcEngine 中也进行了封装。利用封装类来实现 Tool 类型的工具时，同样需要定义 ICommand 接口，通过 ICommand 接口来实现与 MapControl 的关联。通过查询帮助文档我们可以发现，本节中我们自定义的 BaseTool 工具也是从接口 ICommand 和 ITool 同时继承得到的。以“拉框放大”为例，利用 ArcEngine 封装的类库实现基本的 Tool 类型功能的代码如下（注意：在这个示例中需要添加 ESRI. ArcGIS. SystemUI 和 ESRI. ArcGIS. Controls 的引用），感兴趣的同学可以将下面这段代码拷贝到“拉框放大”按钮的 Click 事件中，删除原来的代码，运行程序可以看到一致的效果。

```
//Tool 的定义和初始化
ITool tool = new ControlsMapZoomInToolClass();
//查询接口获取 ICommand
ICommand command = tool as ICommand;
//Tool 通过 ICommand 与 MapControl 的关联
command.OnCreate(this.axMapControl1.Object);
command.OnClick();
//MapControl 的当前工具设定为 tool
this.axMapControl1.CurrentTool = tool;
```

如果您对这一节的内容比较熟悉了，就可以开始学习本章最后一节的内容了。后面在 3.8 节我们将尝试构建一个小型 GIS 应用。

3.7 通过代码添加图层

为了使程序更加灵活，我们需要在程序运行后动态地向 MapControl 中添加图层。如何通过代码来添加地图是在本节需要学习的。

首先我们创建一个新的 Windows 应用程序，名称为 AddData，然后在窗体上添加 MapControl、LicenceControl 和 4 个 Button 控件，窗体及控件属性设置如表 3-2 所示，界面效果图如图 3-30 所示。

表 3-2　窗体及控件属性设置

类型	Name	Text	用途
Form	MainForm	添加数据	主窗体
Button	btnClear	清空图层	清空图层
Button	btnMxd	打开 MXD	打开 MXD 文档
Button	btnShp	添加 Shp	添加 Shp 图层
Button	btnGdbVector	添加 GDB 矢量	添加 GDB 矢量数据

图 3-30　添加数据界面效果

为了方便测试多个添加数据操作，我们添加了一个“清空图层”按钮，双击该按钮进入代码编辑界面，添加代码如下：

```
private void btnClear_Click(object sender,EventArgs e)
{
    //如果 MapControl 图层个数大于零就清空图层
    if (this.axMapControl1.LayerCount > 0)
          this.axMapControl1.ClearLayers();
}
```

3.7.1 通过代码添加 MXD 文件

MXD 文件是 ArcMap 产生的地图索引文件，需要注意的是 MXD 文件并不含有地图数据。打开 MXD 文件比较简单，使用 OpenFileDialog 来实现。需要注意的是，因为 MXD 文件只是个索引文件，在测试这部分程序时，你需要用 ArcMap 生成一个新的 MXD 文件。双击"打开 MXD"按钮，进入代码编辑界面，添加代码如下：


```
private void btnMxd_Click(object sender,EventArgs e)
{
    //文件路径名称，包含文件名称和路径名称
    string strName = null;

    //定义 OpenFileDialog，获取并打开地图文档
    OpenFileDialog openFileDialog = new OpenFileDialog();
    openFileDialog.Title = "打开 MXD";
    openFileDialog.Filter = "MXD 文件(*.mxd)|*.mxd";
    if (openFileDialog.ShowDialog() == DialogResult.OK)
    {
        strName = openFileDialog.FileName;
        if (strName != "")
        {
            this.axMapControl1.LoadMxFile(strName);
        }
    }
    //地图文档全图显示
    this.axMapControl1.Extent = this.axMapControl1.FullExtent;
}
```

3.7.2 通过代码添加 Shp 图层

添加 Shp 图层的方法与打开 MXD 的思路一致，代码如下：

```
private void btnShp_Click(object sender,EventArgs e)
{
    //文件路径名称,包含文件名称和路径名称
    string strName = null;
    //文件路径
    string strFilePath = null;
    //文件名称
    string strFileName = null;

    //定义 OpenFileDialog,获取并打开地图文档
    OpenFileDialog openFileDialog = new OpenFileDialog();
    openFileDialog.Title = "添加 Shp";
    openFileDialog.Filter = "shp 文件(*.shp)|*.shp";
    if (openFileDialog.ShowDialog() == DialogResult.OK)
    {
        strName = openFileDialog.FileName;
        if (strName != "")
        {
            strFilePath = System.IO.Path.GetDirectoryName(strName);
            strFileName = System.IO.Path.GetFileNameWithoutExtension(strName);
            this.axMapControl1.AddShapeFile(strFilePath,strFileName);
        }
    }
    //地图文档全图显示
    this.axMapControl1.Extent = this.axMapControl1.FullExtent;
}
```


3.7.3 通过代码加载 Geodatabase 中的数据

Geodatabase 是 ArcInfo8 引入的一种全新的面向对象的空间数据模型,是建立在 DBMS 之上的统一的、智能的空间数据模型。Geodatabase 以层次结构的数据对象来组织地理数据。这些数据对象存储在要素类(Feature Classes)、对象类(Object Classes)和数据集(Feature Datasets)中。Object Class 可以理解为是一个在 Geodatabase 中存储非空间数据的表。而 Feature Class 是具有相同几何类型和属性结构的要素(Feature)的集合。Geodatabase 提供了不同层次的空间数据存储方案,可以分成 Personal Geodatabase(个人空间数据库)、File Geodatabase(基于文件格式的数据库)和 ArcSDE Geodatabase(企业级空间数据库)3 种形式。本节以 Personal Geodatabase 为例,实现 Personal Geodatabase 的数据加载。Personal Geodatabase 主要适用于在单用户下工作的 C/S 系统,适用于小型项

目的地理信息系统。Personal Geodatabase 实际上就是一个 Microsoft Access 数据库，最大数据容量为 2G，并且仅支持 Windows 平台。

在正式开始动手之前，我们先来简单分析一下 Geodatabase 模型中主要对象与物理存储之间的对应关系。在 ArcCatalog 中打开我们所使用的示例数据，展开目录，可以看到图 3-31 的关系，在物理级别上，mdb 数据库对应于数据模型中的 Workspace，数据库中包含一个或多个数据集（Dataset），数据集中包含一个或多个要素类（FeatureClass）。因此，我们在进行 mdb 中数据加载时，首先需要获取要素数据集，然后获取要素数据集中的要素类，才能添加到 MapControl 中进行显示。

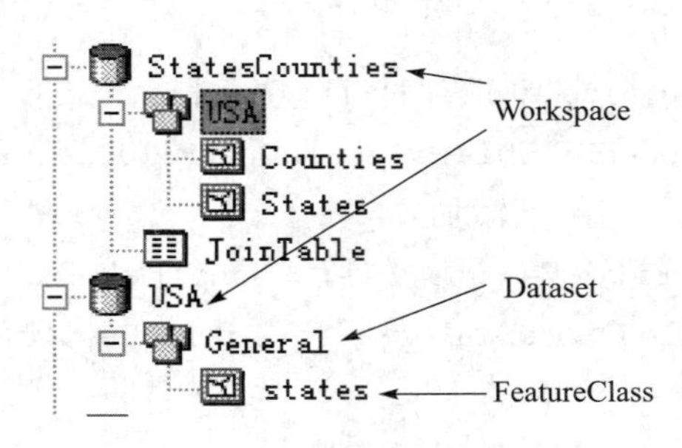

图 3-31　Geodatabase 中的对象层次关系

本例中我们需要添加 ESRI. ArcGIS. Geodatabase、ESRI. ArcGIS. DataSourcesGDB 和 ESRI. ArcGIS. Carto 3 个命名空间。

我们需要编写一个独立的方法，该方法根据指定的路径名称读取 mdb，并返回其中包含的要素类，代码如下：

```
private List<IFeatureClass> OpenMdb(string mdbpath)
{
    List<IDataset> pDatasets = new List<IDataset>();
    List<IFeatureClass> pFeatureClasses = new List<IFeatureClass>();
    //定义空间工厂，打开 mdb 数据库
    IWorkspaceFactory pAccessFactory = new AccessWorkspaceFactoryClass();
    IWorkspace pWorkspace = pAccessFactory.OpenFromFile(mdbpath,0);
    //获取数据集的集合
    IEnumDataset pEnumDataset = pWorkspace.get_Datasets(esriDatasetType.es-
riDTAny);
    pEnumDataset.Reset();
    IDataset pDataset = pEnumDataset.Next();
    while (pDataset != null)
    {
        //数据集为 featuredataset
        if (pDataset is IFeatureDataset)
        {
```

```
            string strDatasetName = pDataset.Name;
            //定义要素工厂,获取要素类的集合
            IFeatureWorkspace.pFeatureWorkspace = pWorkspace as IFeatureWorkspace;
            IFeatureDataset pFeatureDataset = pFeatureWorkspace.OpenFeatureDataset(str-
DatasetName);
            IEnumDataset pEnumDataset2 = pFeatureDataset.Subsets;
            pEnumDataset.Reset();
            IDataset pDataset2 = pEnumDataset.Next();
            //遍历要素类的集合,并将要素类加入要素类集合 pFeatureClasses
            while(pDataset2 != null)
            {
                if (pDataset2 is IFeatureClass)
                {
                  pFeatureClasses.Add(pDataset2 as IFeatureClass);
                }
                pDataset2 = pEnumDataset2.Next();
              }
            pDatasets.Add(pDataset);
          }
        pDataset = pEnumDataset.Next();
      }
    return pFeatureClasses;
  }
```


注意:这段代码中数据集的集合和要素类的集合的获取都使用了C#中泛型集合的知识,如 List<IDataset> pDatasets=new List<IDataset>(),这是C#语言的概念,用于管理一个指定类型的集合,如此处的IDataset。

下面双击“添加GDB数据”按钮,进入代码编辑界面,添加代码如下:

```
private void btnGdbVector_Click(object sender,EventArgs e)
{
    //定义 OpenFileDialog,获取路径
    OpenFileDialog openFileDialog = new OpenFileDialog();
    openFileDialog.Title = "添加 GDB 矢量数据";
    openFileDialog.Filter = "MDB 文件(*.mdb)|*.mdb";
    //定义数据集的集合,用于存储 mdb 中的数据集
    List<IDataset> pDatasets = new List<IDataset>();
    //定义要素类集合,用于获取数据集中的要素类
    List<IFeatureClass> pFeatureClasses = new List<IFeatureClass>();
    if (openFileDialog.ShowDialog() == DialogResult.OK)
```

```
        {
          //获取数据集的集合
          pFeatureClasses = this.OpenMdb(openFileDialog.FileName);
          //变量要素类集合的每个要素类
          foreach(IFeatureClass pFeatureClass in pFeatureClasses)
          {
              IFeatureLayer pFeatureLayer = new FeatureLayerClass();
              pFeatureLayer.FeatureClass = pFeatureClass;
              //要素图层加入到 MapControl
              this.axMapControl1.AddLayer((ILayer)pFeatureLayer);
          }
        }
        this.axMapControl1.Extent = this.axMapControl1.FullExtent;
    }
```

3.7.4 小结

到此为止,有关通过代码添加图层的专题我们就介绍到这里。从以上的 3 个例子可以看出,添加数据的基本思路是相通的,通过 OpenFileDialog 来指定过滤文件的类型,获取用户选中的文件路径和名称,然后利用 ArcEngine 中对应的方法来获取数据,最后添加到 MapControl 中显示。其中添加 MXD 和 Shp 是比较基本和常用的方法,添加 mdb 数据略显烦琐,在我们给出的例子中仅实现了包含要素类型数据的打开,有兴趣的同学可以尝试包含栅格等数据类型的 mdb。这一节在同学们掌握通过代码打开数据的方法的同时,希望能够掌握 OpenFileDialog 的使用方法,在实际的开发中,它也是经常用到的。

3.8 构建一个简单的 GIS 应用

在这一节中,我们不会再像前几节一样,只是针对某个具体的功能,而是将构建一个初具规模的小型 GIS 应用。强烈建议您在开始这一节的学习之前,再次熟悉之前的几节,这样对于您掌握这一节的内容是十分有帮助的。在这一节中,我们的重点是如何利用 C#.NET 迅速搭建起一个 GIS 应用,也即框架的搭建,而不是具体某个功能如何实现,所以对这一节中所有的代码不再给出详细的解释,请您自行参照帮助系统了解各接口的详细定义与使用方法。我们展示的例子中,有些类似功能在实际开发过程中不会采用这一节中展示的方式,但这样能更好地向您介绍本章最后一部分提到的一些拓展控件。

在构建小型 GIS 应用的过程中,首先应该做需求分析和功能设计,再进行用户界面的设计，之后进行程序框架搭建和具体的编码工作，最后完成测试和维护。

3.8.1　功能概述

之前我们所做的程序都是在MapControl中预先加入数据，这一节中，我们将改变这一做法，制作与数据无关的程序。在这个程序中，我们将按照Windows编程的一般方法，根据功能完成窗体界面设计，然后编码实现。在这里，我们将对前面所做的功能做一个整合，构成一个相对完整的GIS系统。

3.8.2　新建及整理工程

在这一小节中，我们将新建一个工程，我们将这个工程命名为MyGIS。进入MyGIS工程编辑界面之后，我们看到解决方案资源管理器。右键点击MyGIS，在弹出的右键菜单中点击“添加”→“新建文件夹”，建立3个文件夹，分别命名为Classes、Forms和Resources，用来存放系统自定义类、窗体和系统资源。

并将Form1.cs重命名为MainForm.cs，Text属性修改为MyGIS，并移动到Forms文件夹下。

在Forms文件夹右键点击“添加”→“Windows窗体”，添加2个窗体，分别用于空间查询和属性查询，参数设置如表3-3所示。

表3-3　功能窗体参数设置

窗体名称(Name)	Text属性	描述
SpatialQueryForm	空间查询	用于空间查询参数设置
AttributeQueryForm	属性查询	用于属性查询参数设置

注意：我们在项目中添加文件夹时，文件夹的名字会自动加入我们新建的工程文件的命名空间中，比如这里我们创建的2个新窗体的命名空间(namespace)为MyGIS.Forms，原来MainForm的命名空间为MyGIS，这里我们右键点击“MainForm.cs”→“查看代码”，将MainForm的命名空间也统一改为MyGIS.Forms。见图3-32。

.NET Framework使用命名空间(namespace)来组织它的众多类。在较大的编程项目中，声明自己的命名空间可以帮助控制类和方法名的范围。如我们的项目中在命名空间MyGIS.Forms下的MainForm、SpatialQueryForm和AttributeQueryForm 3个窗体就构成了一个逻辑组合，假如另一个命名空间YourGIS.Forms也包含另一个SpatialQueryForm窗体，则我们在定义SpatialQueryForm实例时会造成歧义，程序会分不清我们定义的SpatialQueryForm窗体的来源，而通过Using关键字添加SpatialQueryForm命名空间的引用即可实现区分。

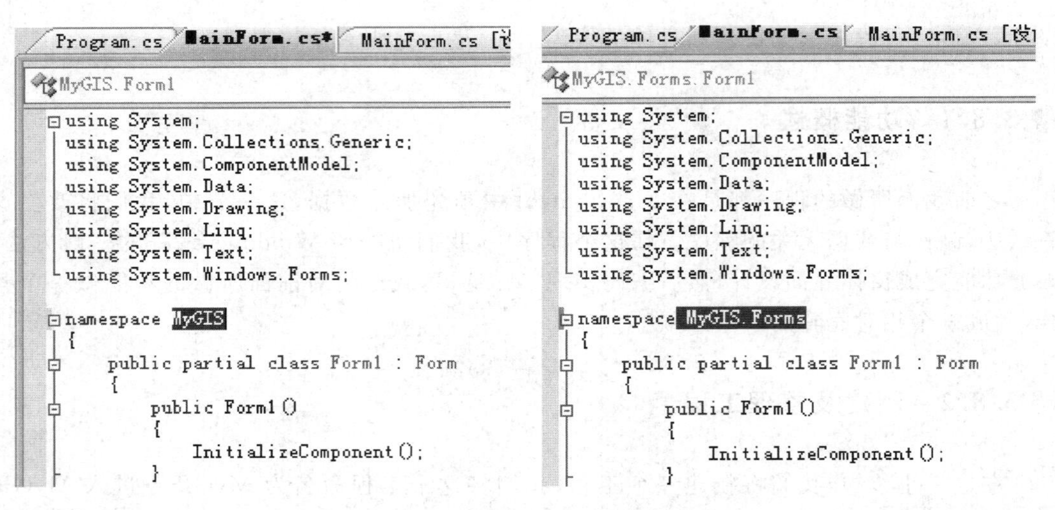

图 3-32　MainForm 命名空间修改前后

3.8.3　布局主界面

我们的 MyGIS 的主界面需要添加菜单栏，一个工具栏，一个状态栏和地图操作相关的 MapControl、TOCControl，下面我们就开始动手搭建主界面吧。

3.8.3.1　添加菜单栏

添加菜单栏，这里我们在菜单栏中点击“视图”→“工具箱”，双击 MenuStrip，在右下角属性窗口中点击 Items 项右侧的按钮，弹出如图 3-33 对话框。

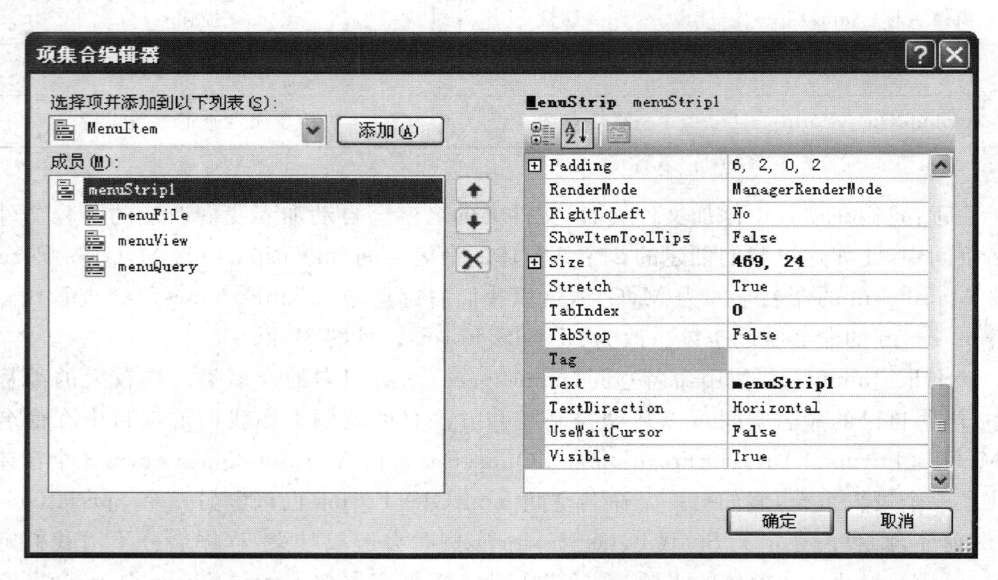

图 3-33　菜单栏的项集合编辑器

首先添加一级菜单。点击窗体上方的“添加”按钮 3 次，加入 3 个 MenuItem，并将其

Name属性分别修改为menuFile、menuView和menuQuery，将其Text属性分别修改为“文件”“视图”“查询”。

然后添加二级菜单，方法是选择某个菜单项的DropDownItem属性，用类似方法为菜单添加二级项目。如下所示（汉字为Text属性，省略号表示下一级菜单，括号内为Name）：

文件(menuFile)

……打开(menuFileOpen)

……添加数据(menuAddData)

……退出(menuExit)

视图(menuView)

……放大(menuZoomIn)

……缩小(menuZoomOut)

……中心放大(menuFixedZoomIn)

……中心缩小(menuFixedZoomOut)

……漫游(menuPan)

……全图显示(menuFullExtent)

查询(menuQuery)

……属性查询(menuAttributeQuery)

……空间查询(menuSpatialQuery)

3.8.3.2　添加工具栏

向主窗体中添加工具条(ToolStrip)，点击“工具箱”，双击ToolStrip，在右下角属性窗口中点击Items项右侧的按钮，弹出如图3-34所示对话框。

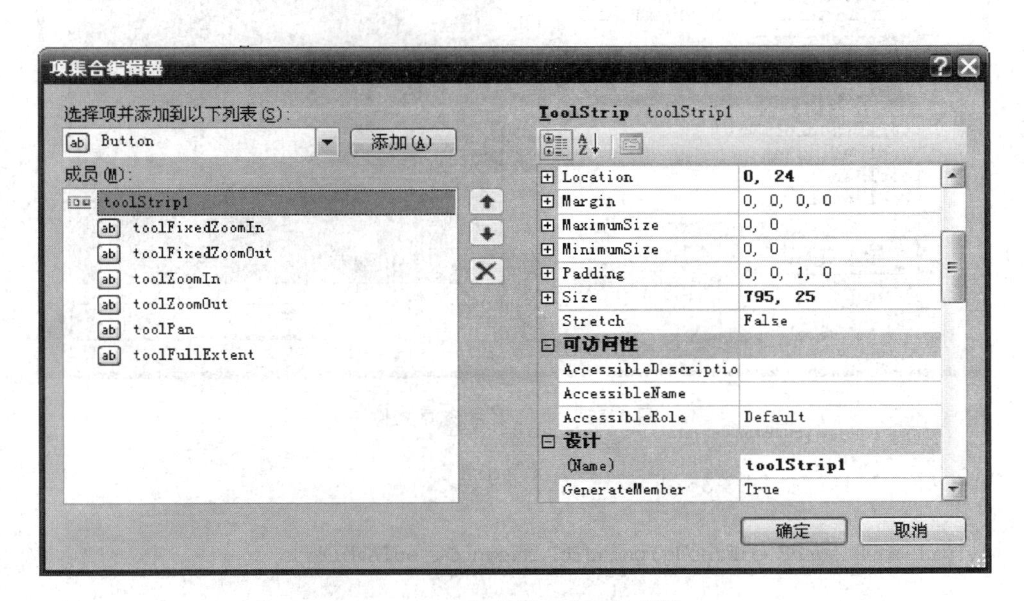

图3-34　工具栏的项集合编辑器

向其中添加 6 个按钮，属性设置如表 3-4 所示。

表 3-4　工具栏属性设置

图标	Name	Text
	toolFixedZoomIn	居中放大
	toolFixedZoomOut	居中缩小
	toolZoomIn	放大
	toolZoomOut	缩小
	toolPan	漫游
	toolFullExtent	全图显示

注意：在添加图片资源文件时，通过右下角属性栏，点击 Image 项右边的按钮，通过“项目资源文件”选项，将所需的 6 个图标添加到项目中，这样它们能够自动加载到 Resources 文件夹中。如图 3-35 所示。

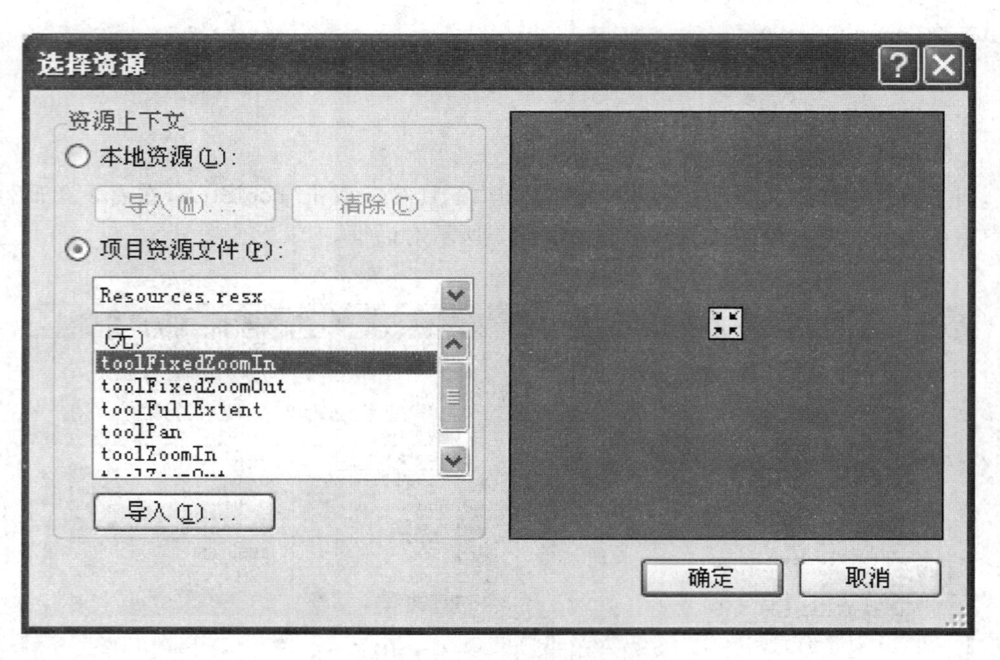

图 3-35　添加项目资源文件

制作好的工具栏如图 3-36 所示。

图 3-36　制作好的工具栏

3.8.3.3　添加状态栏

向窗体中添加一个状态栏(StatusStrip)，点击状态栏属性表中 Items 项右侧的按钮，弹出如图 3-37 所示对话框。

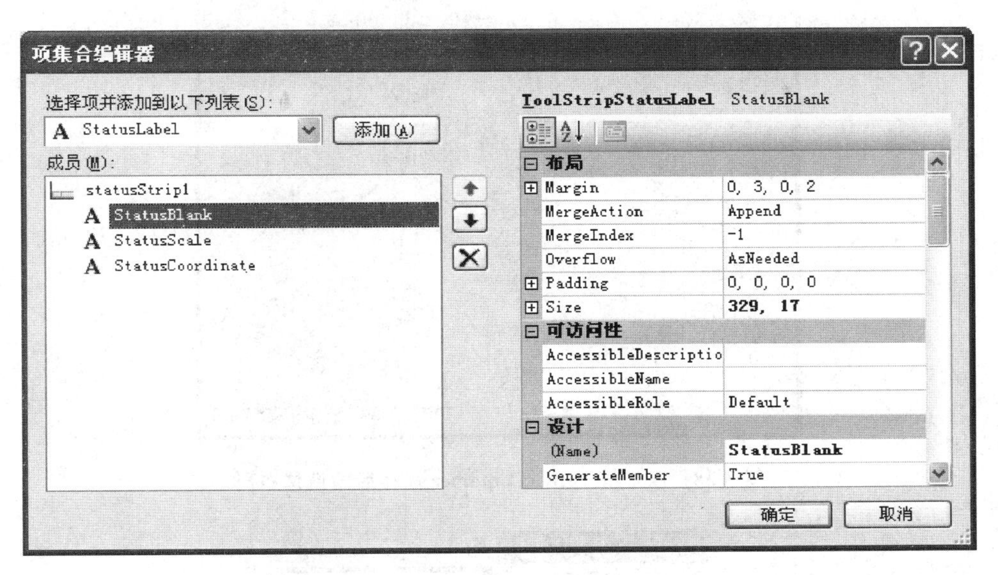

图 3-37　状态栏的 Items 项集合编辑器

向其中添加 3 个 StatusLabel，属性设置如表 3-5 所示。

表 3-5　状态栏属性设置

名称(Name)	Text 属性	Spring 属性	描述
StatusBlank		True	留作空白
StatusScale	比例尺	False	显示当前视图的比例尺
StatusCoordinate	当前坐标	False	显示当前坐标信息

3.8.3.4　添加控件

在工具栏中找到 SplitContainer 控件，在 MainForm 窗体中添加两个。第一个用于分隔图层视图(TOCControl)和地图信息，采用默认布局"竖直"，左侧为 Panel1，右侧为 Panel2。第二个 SpliterContainer 添加到第一个的 Panel2 中，用于分隔地图视图(MapControl)和地图属性信息，采用"水平拆分器方向"得到的默认布局为竖直布局，如图 3-38 所示。

在第二个 SpliterContainer 的 Panel1 中添加 MapControl 控件和 LicenseControl 控件。找到 MapControl 控件中的 Dock 属性，点击其中的正方形，将 Dock 属性设置为 Fill，如图 3-39 所示。

向第一个 SpliterContainer 的 Panel1 中添加 TOCControl 控件，将其 Dock 属性设为 Fill，右击选择"属性"，将其 Buddy 属性设为当前的 axMapControl1，如图 3-40 所示。

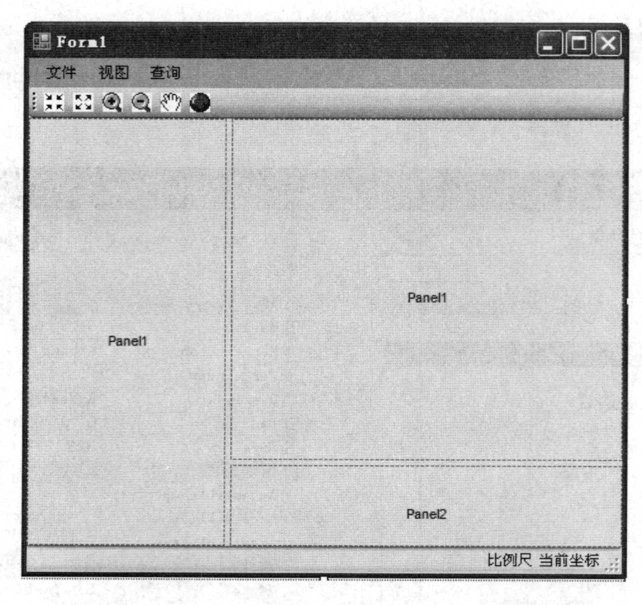

图 3-38　添加好 SpliterContainer 控件后的窗体布局

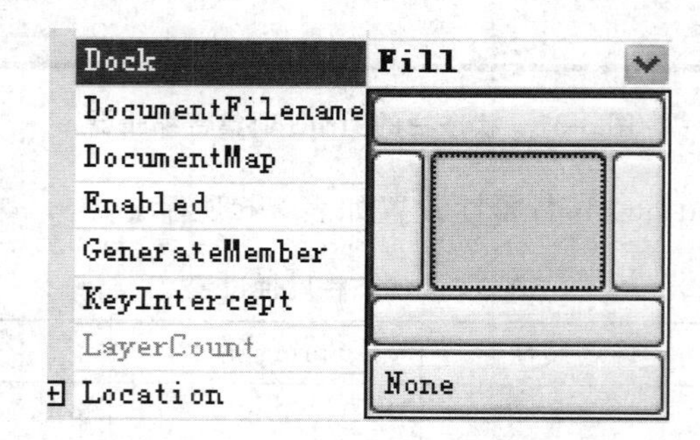

图 3-39　MapControl 的 Dock 属性

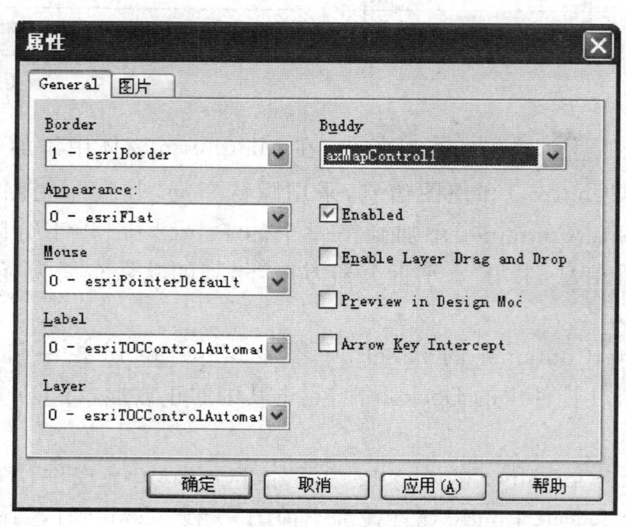

图 3-40　伙伴控件设置

向第二个 SpliterContainer 的 Panel2 中添加 DataGridView 控件，并将其 Dock 属性设为 Fill，用于显示空间查询得到要素的属性信息。制作好的界面如图 3-41 所示。

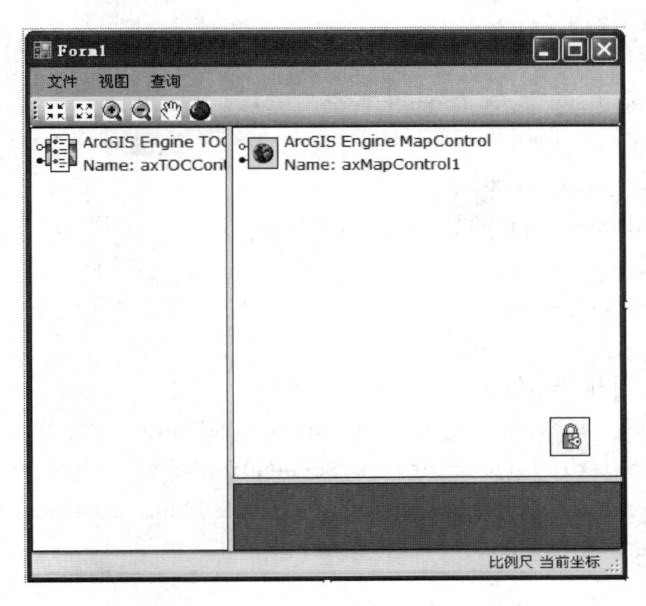

图 3-41　制作好的程序界面布局

3.8.4　实现工具类

在这里，我们将自己动手实现放大、缩小、居中放大、居中缩小、漫游和全图显示 6 个工具类，与上一小节介绍的方法类似，我们这里以“漫游”为例介绍实现的过程，其他类的实现请大家参照前面小节的方法以及示例程序自己完成。

将鼠标移动到解决方案资源管理器，鼠标右键点击 Classes 文件夹，再点击弹出菜单的“添加”→“新建项”，选择 ArcGIS 项中的 BaseTool，将名字更改为 Pan. cs，添加即可。之后在解决方案资源管理器找到 Pan. bmp 和 Pan. cur，其中 Pan. bmp 是该工具在系统界面上显示的图标样式，Pan. cur 是鼠标进行地图操作时的鼠标样式，这里我们的图标样式使用 ArcEngine 已经封装的图标，将这两个图标删除。

之后我们点击 Pan. cs，对 m_caption、m_toolTip、m_message 和 m_name 做相应修改，代码如下：

```
base.m_category = "";
base.m_caption = "漫游";
base.m_message = "漫游";
base.m_toolTip = "漫游";
base.m_name = "Pan";
```

添加如下引用：

```
using ESRI.ArcGIS.Geometry;
```

```
using ESRI.ArcGIS.Carto;
using ESRI.ArcGIS.Display;
```

添加两个成员变量：

```
//获取视图范围
private IScreenDisplay m_focusScreenDisplay = null;
//标记操作进程
private bool m_PanOperation;
```

向其中的 OnMouseDown 函数添加如下代码：

```
//判断是否鼠标左键
if (Button != 1) return;

//获取视图范围并开始漫游
IActiveView pActiveView = m_hookHelper.ActiveView;
m_focusScreenDisplay = pActiveView.ScreenDisplay;
IPoint pPoint = pActiveView.ScreenDisplay.DisplayTransformation.ToMapPoint(X,Y);
m_focusScreenDisplay.PanStart(pPoint);
//标记漫游操作为真
m_PanOperation = true;
```

向其中的 OnMouseMove 函数添加如下代码：

```
//判断是否鼠标左键
if (Button != 1) return;
//是否漫游状态
if (!m_PanOperation) return;
//追踪鼠标
IPoint pPoint = m_focusScreenDisplay.DisplayTransformation.ToMapPoint(X,Y);
m_focusScreenDisplay.PanMoveTo(pPoint);
```

向其中的 OnMouseUp 函数添加如下代码：

```
//判断是否鼠标左键
if (Button != 1) return;
//是否漫游状态
if (! m_PanOperation) return;

IEnvelope pExtent = m_focusScreenDisplay.PanStop();

//判断移动区域是否为空
if (pExtent != null)
{
    m_focusScreenDisplay.DisplayTransformation.VisibleBounds = pExtent;
```

```
        m_focusScreenDisplay.Invalidate(null,true,(short)esriScreenCache. es-
riAllScreenCaches);
    }
    //关闭漫游状态
    m_PanOperation = false;
```

这样就完成了 Pan.cs 类的制作。在下面的程序中,调用这个类,即可完成“漫游”的功能。

按照之前两个小节讲述的做法,完成其余类的制作,具体方法这里不一一列举出,您可以参考提供的例子程序 MyGIS,详细查看其中每一个类的制作方法,代码方面如果有疑问,可以参看帮助系统。

3.8.5 实现属性查询

前面我们已经实现过属性查询,但是我们的程序只能查询固定的 bou2_4p 图层的 Name 字段,在这里我们将对程序进行修改完善,实现图层和字段的可选查询。

首先打开“属性查询”窗体的设计器。添加 3 个 Label 控件、2 个 ComboBox、2 个 Button 和 1 个 TextBox。各控件属性设置如表 3-6 所示,界面效果如图 3-42 所示。

表 3-6　控件参数设置

名称(Name)	Text 属性	描述
lblLayer	选择图层:	标签
lblField	字段名称:	标签
lblFind	查找内容:	标签
cboLayer		MapControl 中的图层名称
cboField		cboLayer 选中图层的所有字段名称
txtValue		输入的查询对象名称
btnOk	查找	查询按钮
btnCancel	取消	取消查询按钮

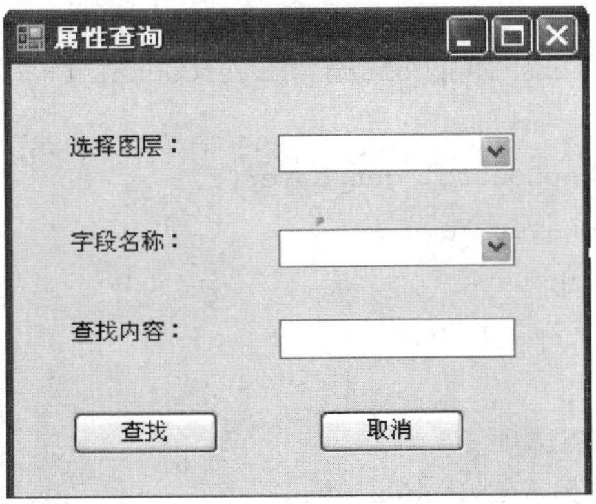

图 3-42　属性查询窗口布局

进入窗体的代码编辑界面，首先添加3个引用，代码如下所示：

```
using ESRI.ArcGIS.Controls;
using ESRI.ArcGIS.Carto;
using ESRI.ArcGIS.Geodatabase;
```

然后定义2个成员变量，1个用于存储地图数据，1个用于存储当前选中图层，代码如下所示：

```
//地图数据
private AxMapControl mMapControl;
//选中图层
private IFeatureLayer mFeatureLayer;
```

然后修改其构造函数，构造函数中添加1个参数mapControl，用于获取MapControl中的数据，代码如下所示：

```
public AttributeQueryForm(AxMapControl mapControl)
{
    InitializeComponent();
    this.mMapControl = mapControl;
}
```


在窗体的Load事件中添加代码，用于初始化cboLayer，获取MapControl中的图层名称，代码如下所示：

```
//MapControl 中没有图层时返回
if (this.mMapControl.LayerCount <= 0)
    return;

//获取 MapControl 中的全部图层名称，并加入 ComboBox
//图层
ILayer pLayer;
//图层名称
string strLayerName;
for (int i = 0; i < this.mMapControl.LayerCount; i++)
{
    pLayer = this.mMapControl.get_Layer(i);
    strLayerName = pLayer.Name;
    //图层名称加入 cboLayer
    this.cboLayer.Items.Add(strLayerName);
}
    //默认显示第一个选项
    this.cboLayer.SelectedIndex = 0;
```

在CboLayer的SelectedIndexChanged事件中添加代码，当选中图层发生变化时，cboField中的字段名称重新获取，代码如下所示：

```
//获取cboLayer中选中的图层
mFeatureLayer = mMapControl.get_Layer(cboLayer.SelectedIndex) as IFeature-
Layer;
IFeatureClass pFeatureClass = mFeatureLayer.FeatureClass;
//字段名称
string strFldName;
for (int i = 0; i < pFeatureClass.Fields.FieldCount;i++ )
{
    strFldName = pFeatureClass.Fields.get_Field(i).Name;
    //图层名称加入cboField
    this.cboField.Items.Add(strFldName);
}
//默认显示第一个选项
this.cboField.SelectedIndex = 0;
```

然后按照我们之前所讲的查询属性要素的方法在"查找"按钮的Click事件中添加代码，请你参照前面章节所述方式和示例程序尝试自行完成。这样我们就完成了"属性查询"窗体的设计实现。

3.8.6 实现空间查询

这一小节，我们进一步实现空间查询窗体的设计实现，我们的设想是通过该窗体选择查询的图层和查询的方式，然后将这两个参数传递给主窗体，主窗体实现查询，将查询得到的要素的属性显示在DataGridView控件中，下面开始动手吧。

首先打开"属性查询"窗体的设计器。添加2个Label控件、2个ComboBox、2个Button。各控件属性设置如表3-7所示，界面效果如图3-43所示。

表3-7 控件参数设置

名称(Name)	Text属性	描述
lblLayer	选择图层：	标签
lblMode	查询方式：	标签
cboLayer		MapControl中的图层名称
cboMode		空间查询的方式
btnOk	确定	确定查询按钮
btnCancel	取消	取消查询按钮

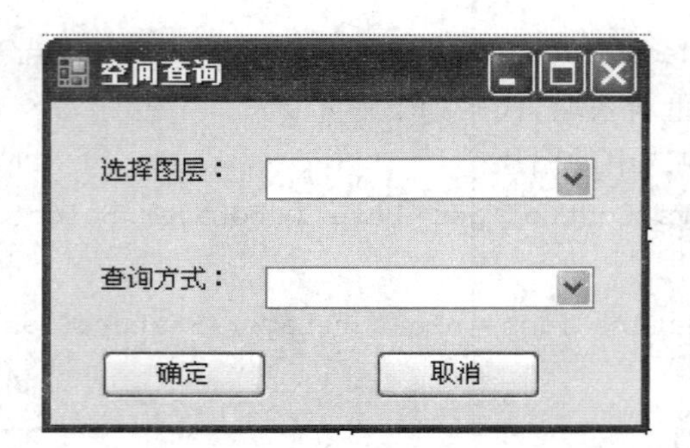

图 3-43　空间查询窗口布局

进入窗体的代码编辑界面，首先添加 3 个引用，代码如下所示：

```
using ESRI.ArcGIS.Controls;
using ESRI.ArcGIS.Carto;
```

然后定义 2 个成员变量，1 个用于存储地图数据，1 个用于存储当前选中图层，代码如下所示：

```
//获取主界面的 MapControl 对象
private AxMapControl mMapControl;
//查询方式
public int mQueryMode;
//图层索引
public int mLayerIndex;
```


然后修改其构造函数，构造函数中添加一个参数 mapControl，用于获取 MapControl 中的数据，代码如下所示：

```
public SpatialQueryForm(AxMapControl mapControl)
{
    InitializeComponent();
    this.mMapControl = mapControl;
}
```

在窗体的 Load 事件中添加代码，用于初始化 cboLayer，获取 MapControl 中的图层名称，并初始化查询方式，代码如下所示：

```
//MapControl 中没有图层时返回
if (this.mMapControl.LayerCount <= 0)
    return;

//获取 MapControl 中的全部图层名称，并加入 ComboBox
//图层
ILayer pLayer;
//图层名称
string strLayerName;
for (int i = 0; i < this.mMapControl.LayerCount; i++)
```

```
{
    pLayer = this.mMapControl.get_Layer(i);
    strLayerName = pLayer.Name;
    //图层名称加入 ComboBox
    this.cboLayer.Items.Add(strLayerName);
}

//加载查询方式
this.cboMode.Items.Add("矩形查询");
this.cboMode.Items.Add("线查询");
this.cboMode.Items.Add("点查询");
this.cboMode.Items.Add("圆查询");

//初始化 ComboBox 默认值
this.cboLayer.SelectedIndex = 0;
this.cboMode.SelectedIndex = 0;
```

为“确定”按钮添加代码如下：

```
//设置鼠标点击时窗体的结果
this.DialogResult = DialogResult.OK;
//判断是否存在图层
if (this.cboLayer、Items.Count <= 0)
{
    MessageBox.Show("当前 MapControl 没有添加图层!","提示");
    return;
}
    //获取选中的查询方式和图层索引
    this.mLayerIndex = this.cboLayer.SelectedIndex;
    this.mQueryMode = this.cboMode.SelectedIndex;
```

这样我们就完成了空间查询窗体的设计。

3.8.7　主窗体功能实现

至此，程序的框架已经搭建完毕，我们来依次完成每个功能。在这个项目中，我们需要添加 ArcEngine 中如下的命名空间：

```
using ESRI.ArcGIS.Geometry;
using ESRI.ArcGIS.Carto;
using ESRI.ArcGIS.SystemUI;
using ESRI.ArcGIS.Controls;
```

```
using ESRI.ArcGIS.Geodatabase;
```

我们可以直接添加，也可以在编写代码的过程中根据需要在帮助文档中查找对应的接口所在的命名空间进行添加。另外，在该项目中，我们在菜单栏的“视图”选项中添加了跟工具栏一样的“地图浏览”功能，菜单栏里面的相关功能我们使用我们自己设计的类来进行实现，工具栏中我们采用 ArcEngine 的封装类来实现。下面开始操作。

首先我们需要定义1个成员变量，用于标记当前选中的工具类型。

```
private string mTool;
```

3.8.7.1　文件操作实现

菜单的“文件”操作，包含“打开 MXD”“添加数据”和“退出”3个选项。我们依次实现。

(1)打开 MXD　单击菜单控件上的“文件”菜单，选择二级菜单中的“打开 MXD”并双击，进入代码编写界面。添加代码如下：

```
//文件路径名称，包含文件名称和路径名称
string strName = null;

//定义 OpenFileDialog，获取并打开地图文档
OpenFileDialog openFileDialog = new OpenFileDialog();
openFileDialog.Title = "打开 MXD";
openFileDialog.Filter = "MXD 文件(*.mxd)|*.mxd";
if (openFileDialog.ShowDialog() == DialogResult.OK)
{
    strName = openFileDialog.FileName;
    if (strName != "")
    {
      this.axMapControl1.LoadMxFile(strName);
    }
}
//地图文档全图显示
this.axMapControl1.Extent = this.axMapControl1.FullExtent;
```

(2)添加数据　我们采用 ArcEngine 的封装类实现。单击菜单控件上的“文件”选项，选择二级菜单中的“添加数据”并双击，进入代码编写界面。添加如下代码：

```
ICommand cmd = new ControlsAddDataCommandClass();
cmd.OnCreate(this.axMapControl1.Object);
cmd.OnClick();
```

(3)退出　双击菜单中“退出”选项，添加代码如下：

```
this.Dispose();
```

3.8.7.2　图层控制实现

在视图操作过程中，需要对图层的显示顺序和可见性进行控制，这里主要通过 axTOCControl 控件来进行实现，在该控件的属性中有 Enable Layer Drag and Drop 的复选

框，如图 3-44 所示。将该复选框选中，即可以在该控件中对图层进行拖拽来调整图层的位置，如图 3-45 和图 3-46 所示。

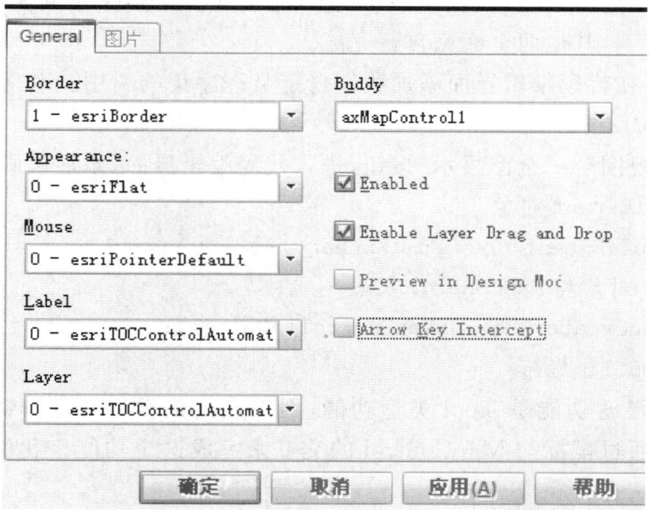

General　图片
Border
1 - esriBorder
Buddy
axMapControl1
Appearance:
0 - esriFlat
Enabled
Mouse
0 - esriPointerDefault
Enable Layer Drag and Drop
Preview in Design Moc
Label
0 - esriTOCControlAutomat
Arrow Key Intercept
Layer
0 - esriTOCControlAutomat
确定　取消　应用(A)　帮助

图 3-44　图层拖拽控制设置

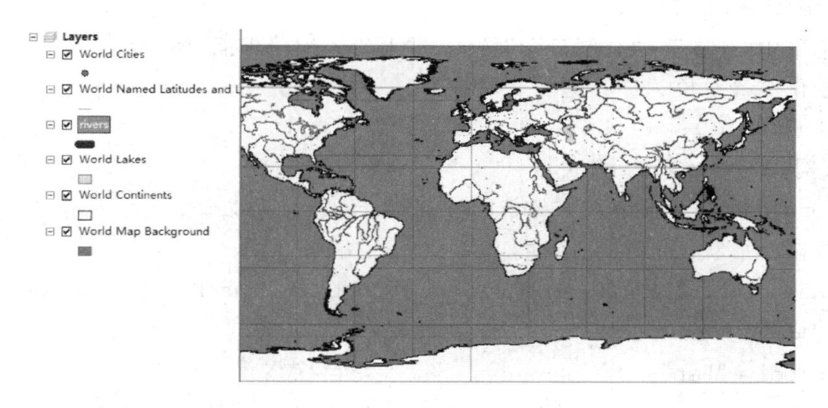

图 3-45　图层顺序调整前

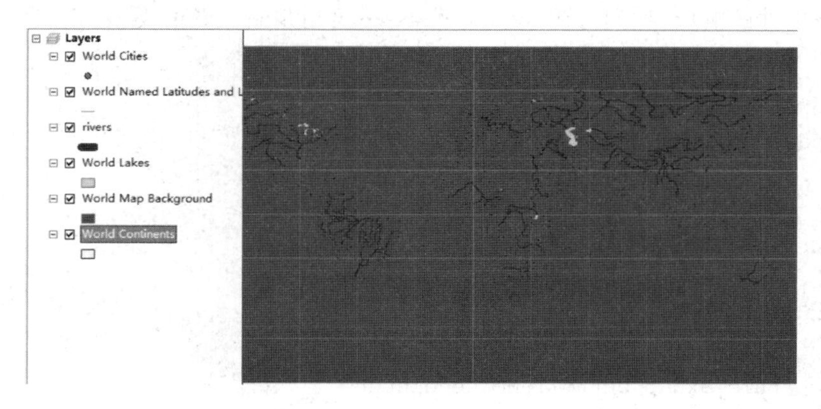

图 3-46　图层顺序调整后

3.8.7.3　视图操作实现

视图操作中,居中放大、居中缩小和全图显示是 Command 类型的功能,用户点击该功能后,地图视图直接进行响应,无需鼠标和地图的交互。这类操作的实现方法比较简单,我们以全图显示为例,其他两个大家自行完成。

首先我们需要在代码编辑界面添加我们自定义程序集的引用。

```
using MyGIS.Classes;
```

点击菜单中"视图"→"全图显示"按钮,进入代码编辑界面,添加代码如下:

```
//初始化 FullExtent 对象
FullExtent fullExtent = new FullExtent();
//FullExtent 对象与 MapControl 关联
fullExtent.OnCreate(this.axMapControl1.Object);
fullExtent.OnClick();
```

放大,缩小和漫游功能是 Tool 类型功能,用户点击该类型功能按钮相当于开启一定类型的操作,然后通过鼠标与 MapControl 的交互来完成这个功能。我们以"漫游"的实现为例,其他两个大家自行完成。

首先我们需要将 ZoomIn 定义为一个成员变量,方便不同事件响应中的参数传递。


```
private ZoomIn mZoomIn;
```

点击菜单中"视图"→"全图显示"按钮,进入代码编辑界面,添加代码如下:

```
//初始化 Pan 对象
mPan = new Pan();
//Pan 对象与 MapControl 关联
mPan.OnCreate(this.axMapControl1.Object);
//设置鼠标形状
this.axMapControl1.MousePointer = esriControlsMousePointer.esriPointerPan;
//标记操作为"Pan"
this.mTool = "Pan";
```

然后双击 MapControl 进入到 MapControl 的 OnMouseDown 事件,因为多个工具操作均需要该事件的响应,我们采用 switch…case…语句判断工具的类型,添加代码如下:

```
switch(mTool)
{
    case "ZoomIn":
        break;
    case "ZoomOut":
        break;
    case "Pan":
        //设置鼠标形状
        this.axMapControl1.MousePointer =
esriControlsMousePointer.esriPointerPanning;
```

```
        this.mPan.OnMouseDown(e.button,e.shift,e.x,e.y);
        break;
    case "SpaceQuery":
        break;
    default:
        break;
}
```

这里我们仅添加了 Pan 的代码，后面陆续添加其他功能的代码。

同样，在 MapControl 的 OnMouseMove 事件中添加代码如下：

```
switch(mTool)
{
    case "ZoomIn":
        break;
    case "ZoomOut":
        break;
    case "Pan":
        this.mPan.OnMouseMove(e.button,e.shift,e.x,e.y);
        break;
    default:
        break;
}
```

在 MapControl 的 OnMouseUp 事件中，添加代码如下：

```
switch(mTool)
{
    case "ZoomIn":
        break;
    case "ZoomOut":
        break;
    case "Pan":
        this.mPan.OnMouseUp(e.button,e.shift,e.x,e.y);
        //设置鼠标形状
        this.axMapControl1.MousePointer = esriControlsMousePointer.esriPointerPan;
        break;
    default:
        break;
}
```

至此，我们实现了漫游功能。

3.8.7.4　查询操作实现

查询操作包含属性查询和空间查询两个部分。我们需要在 MainForm 中添加我们自定义的窗体的命名空间。

```
using MyGIS.Forms;
```

（1）属性查询　属性查询功能的实现已经在属性查询窗体中进行了编写，这里创建属性查询窗体并与当前的 MapControl 关联即可。双击菜单中"属性查询"选项，添加代码如下：

```
//初始化属性查询窗体
AttributeQueryForm attributeQueryForm = new AttributeQueryForm(this.axMapControl1);
attributeQueryForm.Show();
```

运行程序。

（2）空间查询　由于空间查询的结果需要借助于 DataGridView 进行显示，我们首先需要添加 1 个方法 LoadQueryResult(AxMapControl mapControl, IFeatureLayer featureLayer, IGeometry geometry)，用于获取空间查询得到的要素的属性。在这个方法的参数中，IGeometry 是用于空间查询的几何对象，IFeatureLayer 是查询要素所在的要素图层，AxMapControl 是当前 MapControl。我们使用 DataTable 来存储要素的属性，然后将 DataTable 中的数据添加到 DataGridView 进行显示。在这个方法实现过程中，首先利用 IFeatureClass 的属性字段初始化 DataTable，然后利用 IGeometry 对 IFeatureLayer 图层进行空间查询，结果返回到要素游标 IFeatureCursor 中，然后遍历变量要素，将值添加到 DataTable。代码如下：


```
private DataTable LoadQueryResult(AxMapControl mapControl, IFeatureLayer featureLayer, IGeometry geometry)
{
    IFeatureClass pFeatureClass = featureLayer.FeatureClass;

    //根据图层属性字段初始化 DataTable
    IFields pFields = pFeatureClass.Fields;
    DataTable pDataTable = new DataTable();
    for (int i = 0; i < pFields.FieldCount; i++)
    {
        string strFldName;
        strFldName = pFields.get_Field(i).AliasName;
        pDataTable.Columns.Add(strFldName);
    }

    //空间过滤器
    ISpatialFilter pSpatialFilter = new SpatialFilterClass();
    pSpatialFilter.Geometry = geometry;

    //根据图层类型选择缓冲方式
    switch(pFeatureClass.ShapeType)
```

```
        {
            case esriGeometryType.esriGeometryPoint:
                pSpatialFilter.SpatialRel = esriSpatialRelEnum.esriSpatialRel-
Contains;
                break;
            case esriGeometryType.esriGeometryPolyline:
                pSpatialFilter.SpatialRel = esriSpatialRelEnum.esriSpatialRel-
Crosses;
                break;
            case esriGeometryType.esriGeometryPolygon:
                pSpatialFilter.SpatialRel = esriSpatialRelEnum.esriSpatialRe-
lIntersects;
                break;
        }
        //定义空间过滤器的空间字段
        pSpatialFilter.GeometryField = pFeatureClass.ShapeFieldName;

        IQueryFilter pQueryFilter;
        IFeatureCursor pFeatureCursor;
        IFeature pFeature;
        //利用要素过滤器查询要素
        pQueryFilter = pSpatialFilter as IQueryFilter;
        pFeatureCursor = featureLayer.Search(pQueryFilter,true);
        pFeature = pFeatureCursor.NextFeature();

        while (pFeature != null)
        {
            string strFldValue = null;
            DataRow dr = pDataTable.NewRow();
            //遍历图层属性表字段值,并加入 pDataTable
            for (int i = 0; i < pFields.FieldCount; i++)
            {
                string strFldName = pFields.get_Field(i).Name;
                if (strFldName == "Shape")
                {
                    strFldValue = Convert.ToString(pFeature.Shape.GeometryType);
            }
            else
```

```
                strFldValue = Convert.ToString(pFeature.get_Value(i));
            dr[i] = strFldValue;
          }
          pDataTable.Rows.Add(dr);
          //高亮选择要素
          mapControl.Map.SelectFeature((ILayer)featureLayer,pFeature);
          mapControl.ActiveView.Refresh();
          pFeature = pFeatureCursor.NextFeature();
        }
      return pDataTable;
    }
```

定义 2 个成员变量，分别用于标记空间查询的查询方式和选中图层的索引(Index)。

```
//空间查询的查询方式
private int mQueryMode;
//图层索引
private int mLayerIndex;
```


然后单击菜单中的"查询"选项，选择"空间查询"，双击进入代码编辑界面，添加代码如下：

```
//初始化空间查询窗体
SpatialQueryForm spatialQueryForm = new SpatialQueryForm(this.axMapControl1);
if (spatialQueryForm.ShowDialog() == DialogResult.OK)
{
    //标记为"空间查询"
    this.mTool = "SpaceQuery";
    //获取查询方式和图层
    this.mQueryMode = spatialQueryForm.mQueryMode;
    this.mLayerIndex = spatialQueryForm.mLayerIndex;
    //定义鼠标形状
    this.axMapControl1.MousePointer =
ESRI.ArcGIS.Controls. esriControlsMousePointer.esriPointerCrosshair;
    }
```

然后进入 MapControl 的 OnMouseDown 事件，添加代码如下：

```
this.axMapControl1.Map.ClearSelection();
//获取当前视图
IActiveView pActiveView = this.axMapControl1.ActiveView;
//获取鼠标点
IPoint pPoint = pActiveView.ScreenDisplay.DisplayTransformation.ToMapPoint
(e.x,e.y);
switch(mTool)
```

```
{
    case "ZoomIn":
        this.mZoomIn.OnMouseDown(e.button,e.shift,e.x,e.y);
        break;
    case "ZoomOut":
        this.mZoomOut.OnMouseDown(e.button,e.shift,e.x,e.y);
        break;
    case "Pan":
        //设置鼠标形状
        this.axMapControl1.MousePointer =
esriControlsMousePointer.esriPointerPanning;
        this.mPan.OnMouseDown(e.button,e.shift,e.x,e.y);
        break;
    case "SpaceQuery":
        IGeometry pGeometry = null;
        if (this.mQueryMode == 0)//矩形查询
        {
            pGeometry = this.axMapControl1.TrackRectangle();
        }
        else if (this.mQueryMode == 1)//线查询
        {
            pGeometry = this.axMapControl1.TrackLine();
        }
        else if (this.mQueryMode == 2)//点查询
        {
            ITopologicalOperator pTopo;
            IGeometry pBuffer;
            pGeometry = pPoint;
            pTopo = pGeometry as ITopologicalOperator;
            //根据点位创建缓冲区,缓冲半径为0.1,可修改
            pBuffer = pTopo.Buffer(0.1);
            pGeometry = pBuffer.Envelope;
        }
        else if (this.mQueryMode == 3)//圆查询
        {
            pGeometry = this.axMapControl1.TrackCircle();
        }
         IFeatureLayer pFeatureLayer = this.axMapControl1.get_Layer(this.
```

```
mLayerIndex) as IFeatureLayer;
            DataTable pDataTable =
this.LoadQueryResult(this.axMapControl1,pFeatureLayer,pGeometry);
            this.dataGridView1.DataSource = pDataTable.DefaultView;
            this.dataGridView1.Refresh();
            break;
        default:
            break;
    }
```

至此，我们完成了空间查询代码的编写，运行程序，打开 ArcEngine 文件夹，添加数据 world.mxd，点击“属性查询”，图层选择 bou2_4p，查询方式选择“矩形查询”，点击“确定”，在 MapControl 用鼠标进行拉框，我们可以看到选中的要素高亮显示，对应的属性在下面属性表中显示。效果如图 3-47 所示。

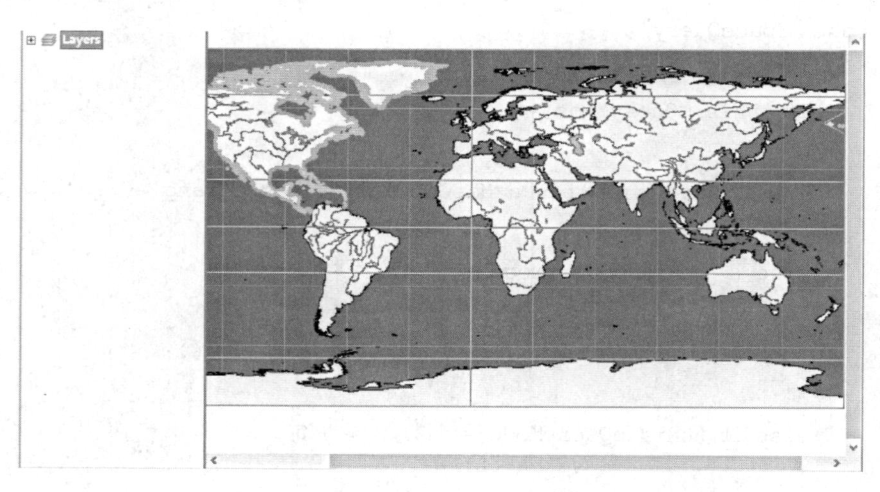

图 3-47　空间查询效果

3.8.7.5　工具栏和状态栏的实现

(1)工具栏的实现　工具栏的实现我们采用 ArcEngine 的封装类来实现，Tool 类型和 Command 类型的实现方式略有不同。Command 类型的实现，在实例化对象后，对象通过 OnCreate()方法与 MapControl 建立关联，然后调用 OnClick()函数即可。以“全图显示”为例，双击工具栏上“全图显示”按钮，进入到代码编辑界面，添加代码如下：

```
//初始化 FullExtent 对象
ICommand cmd = new ControlsMapFullExtentCommandClass();
//FullExtent 与 MapControl 的关联
cmd.OnCreate(this.axMapControl1.Object);
cmd.OnClick();
```

Tool 类型的实现过程中，需要通过 ICommand 实现与 MapControl 的关联，Tool 初始化完成后，通过查询接口的方式获取 Command 的类型，利用 Command 的 OnCreate()函数实现与 MapControl 的关联，然后将当前 MapControl 的 CurrentTool 设为该工具即可。以“漫游”的实现为例，双击工具栏“漫游”按钮，进入代码编辑界面。添加代码如下：

```
//初始化 Pan 对象
ITool tool = new ControlsMapPanToolClass();
//查询接口，初始化 Command 类型
ICommand cmd = tool as ICommand;
//Command 与 MapControl 的关联
cmd.OnCreate(this.axMapControl1.Object);
cmd.OnClick();
//当前 MapControl 的工具设为 Pan
this.axMapControl1.CurrentTool = tool;
```

(2)状态栏的实现　状态栏主要用于显示 MapControl 当前视图的比例尺和鼠标当前位置的坐标信息。在 MapControl 的 OnMouseMove 事件中添加代码如下：

```
// 显示当前比例尺
this.statusScale.Text = "比例尺 1:" + ((long)this.axMapControl1.MapScale).ToString();
// 显示当前坐标
this.statueCoordinate.Text = "当前坐标 X = " + e.mapX.ToString() + "Y = " + e.mapY.ToString() + "" + this.axMapControl1.MapUnits;
```

3.8.8 小结

在这一节中，我们将前几节的知识整合起来，完成了一个小型 GIS 应用程序的制作。这个程序能够完成地图载入、地图浏览以及基本图层控制和查询功能。地图载入和地图浏览在前面几节已经进行了讲解，属性查询和空间查询我们进行了改进。

3.9 叠置分析

叠置分析是 GIS 中一种常见的分析功能，它是将有关主题层组成的各个数据层面进行叠置产生一个新的数据层面，其结果综合了原来两个或多个层面要素所具有的属性，同时叠置分析不仅生成了新的空间关系，而且还将输入的多个数据层的属性联系起来产生了新的属性关系。

ArcGIS 中的叠置分析包含 Union(叠置求并)、Intersect(叠置求交)、Identify(叠置标识)、Erase(叠置擦除)、Symmetrical Difference (叠置相交取反)、Update(叠置更新)等。这一节，我们以叠置求交为例，介绍叠置分析的开发。叠置求交是保留两个图层公共部分的空间图形，并综合两个叠加图层的属性。如图 3-48 所示，反映了叠置求交的原理。

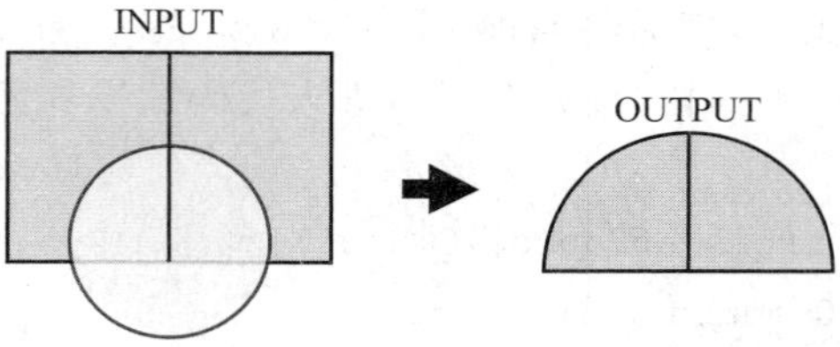

INPUT

OUTPUT

图 3-48　叠置求交示意图

同样,ArcGIS 的 ArcToolBox 中的分析工具提供了缓冲区分析的功能,本节我们首先使用 Geoprocessor 方法实现一个简单的缓冲区分析功能,然后将缓冲区分析功能添加到我们的 MyGIS 项目中。

程序运行前首先需要在 D 盘下新建一个名为 Temp 的文件夹,存放叠置分析生成的文件。

3.9.1　Geoprocessor 实现叠置分析

叠置分析我们使用 Geoprocessor 工具来实现。

3.9.2　添加控件

新建一个 C＃.NET 项目,项目名称为 OverLay,将 Form1 的名字设置为 MainForm,并添加 ToolbarControl 、MapControl、TOCControl、LicenceControl 和 Button 等 5 个控件。并将 ToolbarControl 、TOCControl 的伙伴控件设为 MapControl,Button 控件的 Name 属性设定为 btnIntersect,Text 属性设定为"叠置求交"。控件布局效果如图 3-49 所示。

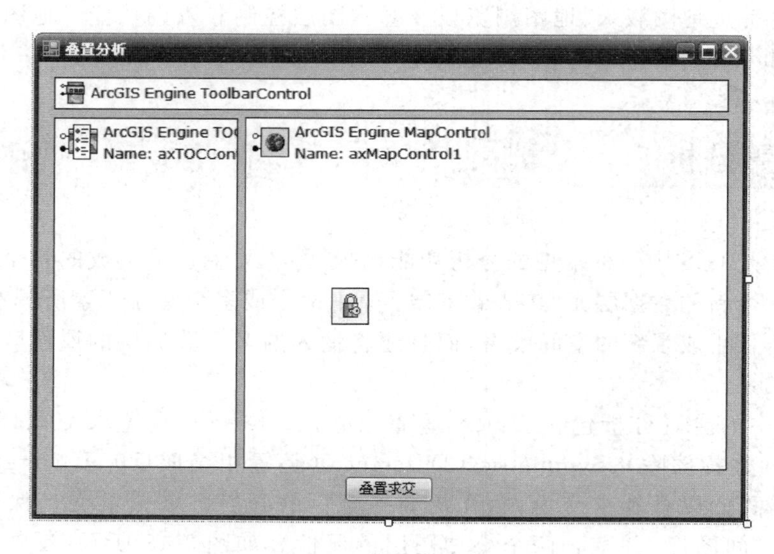

图 3-49　控件布局效果

在 ToolbarControl 中加载添加数据按钮和地图浏览的功能按钮，如图 3-50 所示。

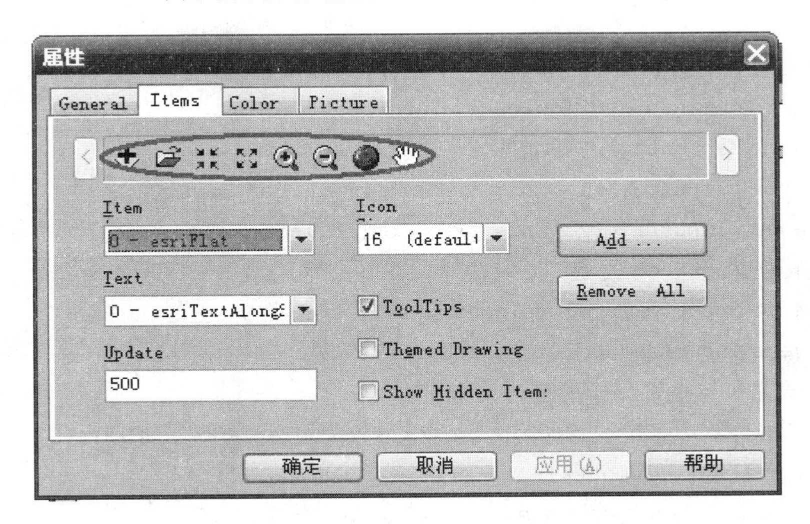

图 3-50 添加按钮

3.9.3 代码添加及解释

首先添加如下引用：

```
using ESRI.ArcGIS.Carto;
using ESRI.ArcGIS.AnalysisTools;
using ESRI.ArcGIS.Geoprocessor;
using ESRI.ArcGIS.Geoprocessing;
```

与缓冲区分析的实现类似，在使用 Geoprocessor 工具实现叠置分析时，需要首先定义一个 Geoprocessor 对象，因为命名空间 ESRI.ArcGIS.Geoprocessing 也包含 Geoprocessor 类，为了避免混淆，我们使用命名空间来定义 Geoprocessor，然后设置 Geoprocessor 中的环境参数，这里我们使用默认参数。然后定义一个操作类，这里为 Intersect，然后设置其操作参数，这里我们仅设置输入的要素，最后使用已定义的 Geoprocessor 对象执行即可。双击“生成缓存区”按钮，添加代码如下：

```
private void btnIntersect_Click(object sender,EventArgs e)
{
    //添加两个以上图层时才允许叠置
    if (this.axMapControl1.LayerCount < 2)
        return;

    ESRI.ArcGIS.Geoprocessor.Geoprocessor gp = new
ESRI.ArcGIS.Geoprocessor.Geoprocessor();
    //OverwriteOutput 为真时，输出图层会覆盖当前文件夹下的同名图层
```

```
        gp.OverwriteOutput = true;

        //创建叠置分析实例
        Intersect intersectTool = new Intersect();
        //获取 MapControl 中的前两个图层
        ILayer pInputLayer1 = this.axMapControl1.get_Layer(0);
        ILayer pInputLayer2 = this.axMapControl1.get_Layer(1);
        //转换为 object 类型
        object inputfeature1 = pInputLayer1;
        object inputfeature2 = pInputLayer2;
        //设置参与叠置分析的多个对象
        IGpValueTableObject pObject = new GpValueTableObjectClass();
        pObject.SetColumns(2);
        pObject.AddRow(ref inputfeature1);
        pObject.AddRow(ref inputfeature2);
        intersectTool.in_features = pObject;
        //设置输出路径
        string strTempPath = @"D:\Temp\";
        string strOutputPath = strTempPath + pInputLayer1.Name + "_" + pInputLay-
er2.Name + "_Intersect.shp";
        intersectTool.out_feature_class = strOutputPath;
        //执行叠置分析
        IGeoProcessorResult result = null;
        result = gp.Execute(intersectTool,null) as IGeoProcessorResult;
        //判断叠置分析是否成功
        if (result.Status != ESRI.ArcGIS.esriSystem.esriJobStatus.esriJobSuc-
ceeded)
            MessageBox.Show("叠置求交失败!");
        else
        {
            MessageBox.Show("叠置求交成功!");
            int index = strOutputPath.LastIndexOf("\\");
            this.axMapControl1.AddShapeFile(strOutputPath.Substring(0,index),strOut-
putPath.Substring(index));
        }
    }
```

运行程序,添加叠置分析的数据,至少为两个图层,点击“叠置求交”,运行结果如图 3-51 所示。

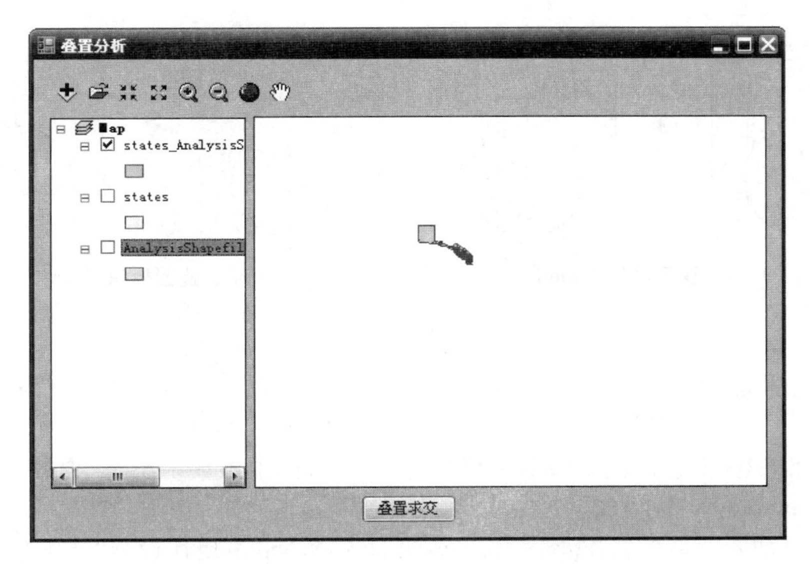

图 3-51　叠置求交效果

3.9.4　实现思路提示

学习完前面几小节，细心的同学会发现使用 Geoprocessor 实现叠置分析与实现缓冲区分析的基本思路是一致的，只是不同的操作方法设置了不同的参数。另外，注意在进行叠置分析时要通过 IGpValueTableObject 接口加载多个要素。请您仔细体会缓冲区分析和叠置求交分析的实现过程的相似点与不同点。下面几小节我们将对叠置分析进行进一步学习，并将多种叠置分析功能添加到 MyGIS 中。

3.9.5　MyGIS 中添加叠置分析

下面几小节我们将在前面几小节开发的叠置求交的基础上，实现叠置分析中 3 种最常用的叠置方式，Union（叠置求并）、Intersect（叠置求交）和 Identify（叠置标识）。Intersect（叠置求交）在前面几小节已经介绍，下面简要介绍一下 Union（叠置求并）和 Identify（叠置标识）。

叠置求并（Union）保留了两个叠置图层的空间图形和属性信息，进行叠置求和的两个图层须是多边形图层。输入图层的一个多边形被叠加图层中的多边形弧段分割成多个多边形，输出图层综合了两个图层的属性。所有要素都将被写入到输出要素类，输出结果具有来自与其叠置的输入要素的属性。如图 3-52 所示。

Identify（叠置标识）是以输入图层为界，保留边界以内两个多变形的所有多边形，输入图层切割后的多边形也被赋予叠加图层的属性。如图 3-53 所示。

在通过 ArcEngine 中的 Geoprocessor 实现这 3 种叠置分析时，我们将实现输入图层和叠置图层的可选设置、叠置方式的可选设置、输出路径的可选设置。

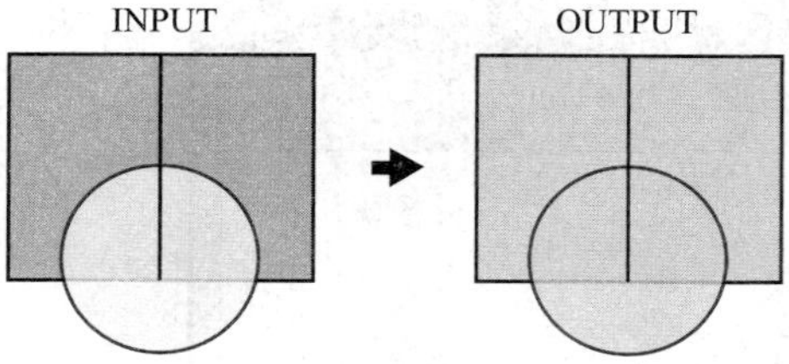

INPUT OUTPUT

图 3-52 叠置求并(Union)

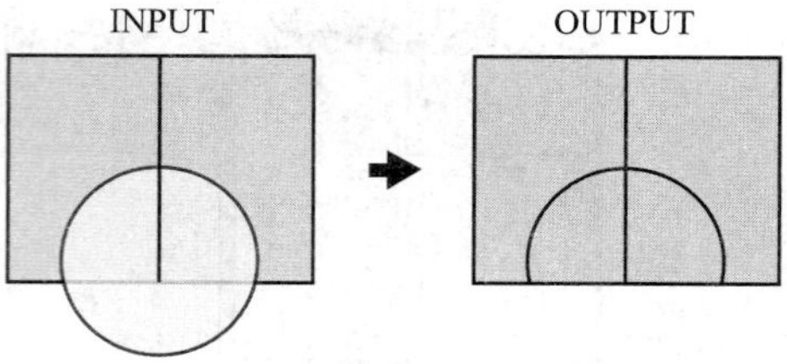

INPUT OUTPUT

图 3-53 叠置标识(Identify)

3.9.6 添加控件

打开项目 MyGIS,在 MyGIS 的主菜单"空间分析"中添加子菜单"叠置分析",Name 属性修改为 menuOverlay。

项目中添加 1 个新的窗体,名称为 OverlayForm,Name 属性设为"叠置分析",添加 4 个 Label、1 个 ComboBox、4 个 TextBox、5 个 Button 控件和 1 个 GroupBox,控件属性设置如表 3-8 所示。

表 3-8 控件属性设置(1)

控件类型	Name 属性	Text 属性	Readonly 属性	控件说明
Label		输入要素:		
Label		叠置要素:		
Label		叠置方式:		
Label		输出图层:		
TextBox	txtInputFeat		True	保存输入要素路径
TextBox	txtOverlayFeat		True	保存叠置要素路径
TextBox	txtOutputPath		True	叠置结果的输出路径
TextBox	txtMessage		True	叠置分析处理过程消息,Multiline 属性设为 True,ScrollBars 属性设为 Vertical,Dock 属性设为 Fill
ComboBox	cboOverLay			叠置分析的方式
Button	btnInputFeat	…		选择输入要素
Button	btnOverlayFeat	…		选择叠置要素
Button	btnOutputLayer	…		选择叠置分析结果的输出路径
Button	btnBuffer	分析		进行叠置分析
Button	btnCancel	取消		取消
GroupBox		处理过程消息		作为 txtMessage 的容器

3.9.7 代码添加及解释

该工程需要添加如下引用：

```
using ESRI.ArcGIS.Controls;
using ESRI.ArcGIS.AnalysisTools;
using ESRI.ArcGIS.Geoprocessing;
```

首先声明一个成员变量，用于保存叠置分析输出文件的路径。

```
public string strOutputPath;
```

OverlayForm在载入时需要加载3种叠置方式到cboOverlay中，并且需要设置缓冲区文件的默认输出路径，这里我们将默认输出路径设为D:\Temp\。

```
private void OverlayForm_Load(object sender,EventArgs e)
{
    //加载叠置方式
    this.cboOverLay.Items.Add("求交(Intersect)");
    this.cboOverLay.Items.Add("求并(Union)");
    this.cboOverLay.Items.Add("标识(Identity)");
    this.cboOverLay.SelectedIndex = 0;
    //设置默认输出路径
    string tempDir = @"D:\Temp\";
    txtOutputPath.Text = tempDir;
}
```

双击输入要素的文件选择按钮，进入代码编辑界面，添加代码如下：

```
private void btnInputFeat_Click(object sender,EventArgs e)
{
    //定义OpenfileDialog
    OpenFileDialog openDlg = new OpenFileDialog();
    openDlg.Filter = "Shapefile(*.shp)|*.shp";
    openDlg.Title = "选择第一个要素";
    //检验文件和路径是否存在
    openDlg.CheckFileExists = true;
    openDlg.CheckPathExists = true;
    //初始化初始打开路径
    openDlg.InitialDirectory = @"D:\Temp\";
    //读取文件路径到txtFeature1中
    if (openDlg.ShowDialog() == DialogResult.OK)
    {
        this.txtInputFeat.Text = openDlg.FileName;
```

```
    }
}
```

类似的，双击叠置要素的文件选择按钮，添加代码如下：

```
private void btnOverlayFeat_Click(object sender,EventArgs e)
{
    //定义 OpenfileDialog
    OpenFileDialog openDlg = new OpenFileDialog();
    openDlg.Filter = "Shapefile(*.shp)|*.shp";
    openDlg.Title = "选择第二个要素";
    //检验文件和路径是否存在
    openDlg.CheckFileExists = true;
    openDlg.CheckPathExists = true;
    //初始化初始打开路径
    openDlg.InitialDirectory = @"D:\Temp\";
    //读取文件路径到 txtFeature2 中
    if (openDlg.ShowDialog() == DialogResult.OK)
    {
        this.txtOverlayFeat.Text = openDlg.FileName;
    }
}
```


双击输出图层的路径选择按钮，添加代码如下：

```
private void btnOutputLayer_Click(object sender,EventArgs e)
{
    //定义输出文件路径
    SaveFileDialog saveDlg = new SaveFileDialog();
    //检查路径是否存在
    saveDlg.CheckPathExists = true;
    saveDlg.Filter = "Shapefile(*.shp)|*.shp";
    //保存时覆盖同名文件
    saveDlg.OverwritePrompt = true;
    saveDlg.Title = "输出路径";
    //对话框关闭前还原当前目录
    saveDlg.RestoreDirectory = true;
    saveDlg.FileName = (string)cboOverLay.SelectedItem + ".shp";

    //读取文件输出路径到 txtOutputPath
    DialogResult dr = saveDlg.ShowDialog();
    if (dr == DialogResult.OK)
        txtOutputPath.Text = saveDlg.FileName;
```

```
}
```

双击“分析”按钮，添加代码如下：

```
private void btnOverLay_Click(object sender,EventArgs e)
{
    //判断是否选择要素
    if (this.txtInputFeat.Text == ""||this.txtInputFeat.Text == null||
this.txtOverlayFeat.Text == ""||this.txtOverlayFeat.Text == null)
    {
        txtMessage.Text = "请设置叠置要素!";
        return;
    }
    ESRI.ArcGIS.Geoprocessor.Geoprocessor gp = new
ESRI.ArcGIS. Geoprocessor.Geoprocessor();
    //OverwriteOutput为真时，输出图层会覆盖当前文件夹下的同名图层
    gp.OverwriteOutput = true;


    //设置参与叠置分析的多个对象
    object inputFeat = this.txtInputFeat.Text;
    object overlayFeat = this.txtOverlayFeat.Text;
    IGpValueTableObject pObject = new GpValueTableObjectClass();
    pObject.SetColumns(2);
    pObject.AddRow(ref inputFeat);
    pObject.AddRow(ref overlayFeat);

    //获取要素名称
    string str = System.IO.Path.GetFileName(this.txtInputFeat.Text);
    int index = str.LastIndexOf(".");
    string strName = str.Remove(index);

    //设置输出路径
    strOutputPath = txtOutputPath.Text;

    //叠置分析结果
    IGeoProcessorResult result = null;

    //创建叠置分析实例，执行叠置分析
    string strOverlay = cboOverLay.SelectedItem.ToString();
    try
```

```
{
  //添加处理过程消息
  txtMessage.Text = "开始叠置分析……" + "\r\n";
  switch(strOverlay)
  {
      case "求交(Intersect)":
          Intersect intersectTool = new Intersect();
          //设置输入要素
          intersectTool.in_features = pObject;
          //设置输出路径
          strOutputPath +=   strName + "_"   +   "_intersect.shp";
          intersectTool.out_feature_class = strOutputPath;
          //执行求交运算
          result = gp.Execute(intersectTool,null) as IGeoProcessorResult;
          break;
      case "求并(Union)":
          Union unionTool = new Union();
          //设置输入要素
          unionTool.in_features = pObject;
          //设置输出路径
          strOutputPath += strName + "_" + "_union.shp";
          unionTool.out_feature_class = strOutputPath;
          //执行求并运算
          result = gp.Execute(unionTool,null) as IGeoProcessorResult;
          break;
      case "标识(Identity)":
          Identity identityTool = new Identity();
          //设置输入要素
          identityTool.in_features = inputFeat;
          identityTool.identity_features = overlayFeat;
          //设置输出路径
          strOutputPath += strName + "_"   + "_identity.shp";
          identityTool.out_feature_class = strOutputPath;
          //执行标识运算
          result = gp.Execute(identityTool,null) as IGeoProcessorResult;
          break;
  }
}
catch(System.Exception ex)
```

```
    {
        //添加处理过程消息
        txtMessage.Text += "叠置分析过程出现错误:" + ex.Message + "\r\n";
    }


    //判断叠置分析是否成功
    if (result.Status != ESRI.ArcGIS.esriSystem.esriJobStatus.esriJobSucceeded)
        txtMessage.Text += "叠置失败!";
    else
    {
        this.DialogResult = DialogResult.OK;
        txtMessage.Text += "叠置成功!";
    }
}
```

细心的同学可能会发现,Union和Intersect设置输入要素和叠置要素的方式是一致的,它们是将两种要素读入到IGpValueTableObject中,然后赋值给in_features,而Identity工具是针对in_features和identity_features分别赋值。因为在ArcGIS的叠置分析中Union和Intersect两种工具可以针对两个以上的图层进行叠置运算,而Identity工具是针对两个要素的运算,其实质是使用叠置要素对输入要素进行更新的一个过程。

另外,Identity工具需要本机中具有ArcInfo级别的Licence权限,如果你的当前电脑没有安装ArcInfo,请在实现的过程中将Identity的相关代码进行屏蔽,如果装有ArcInfo,在运行程序之前,首先需要打开ArcGIS LicenceManager的服务。我们通过以下方式设置Licence权限。

进入MyGIS的MainForm窗体的设计器界面,右键单击LicenceControl,选择菜单中的"属性"选项。选择Products中的ArcInfo选项,如图3-54所示。

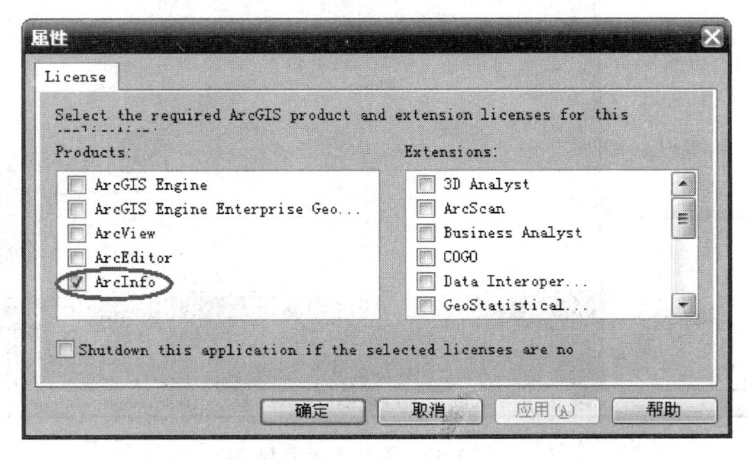

图3-54 LicenceControl设置

运行程序,点击菜单"叠置分析",弹出叠置分析参数设置窗口,添加叠置分析要素文件,并设置输出路径,如图 3-55 所示。

图 3-55　叠置分析参数设置

点击"分析",可得到如图 3-56 所示的结果。

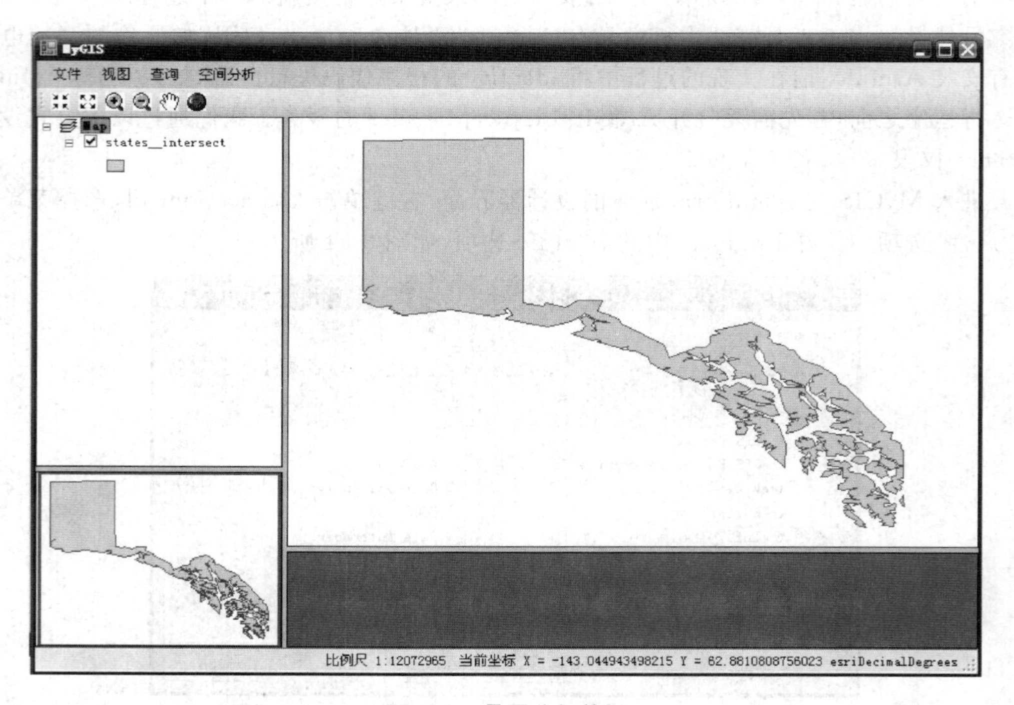

图 3-56　叠置分析效果

3.9.8　小结

本节我们系统讲解了叠置分析功能的开发并进一步完善了MyGIS系统。当然，我们的工程中的叠置分析功能还存在一些不足之处，比如叠置求交和叠置求并是针对两个或以上要素类进行的操作，我们这里仅实现了两个要素类的操作。如果您有兴趣，可以自己动手进行扩展。同时，您也可以尝试自己通过ArcEngine来实现ArcGIS中的其他分析操作，并添加到MyGIS中。

3.10　地图编辑

地图编辑功能涉及比较复杂的地图与鼠标的交互以及事件的响应，ArcGIS提供了强大的地图编辑的相关功能。本节我们将尝试实现一些简单的地图编辑功能，包括点、线、面要素形状的创建和移动。通过本节希望您能掌握ArcEngine实现地图编辑的机制以及常用的地图编辑的接口。

3.10.1　添加控件

新建一个C#.NET项目，项目名称为OverLay，将Form1的名字设置为MainForm，Text属性设为“地图编辑”，并添加ToolbarControl、MapControl、TOCControl、LicenceControl、4个Button、2个ComboBox、2个Label和1个GroupBox等控件。

将ToolbarControl、TOCControl的伙伴控件设为MapControl，ToolbarControl加载添加数据按钮和地图浏览的功能按钮。控件布局效果如图3-57所示。

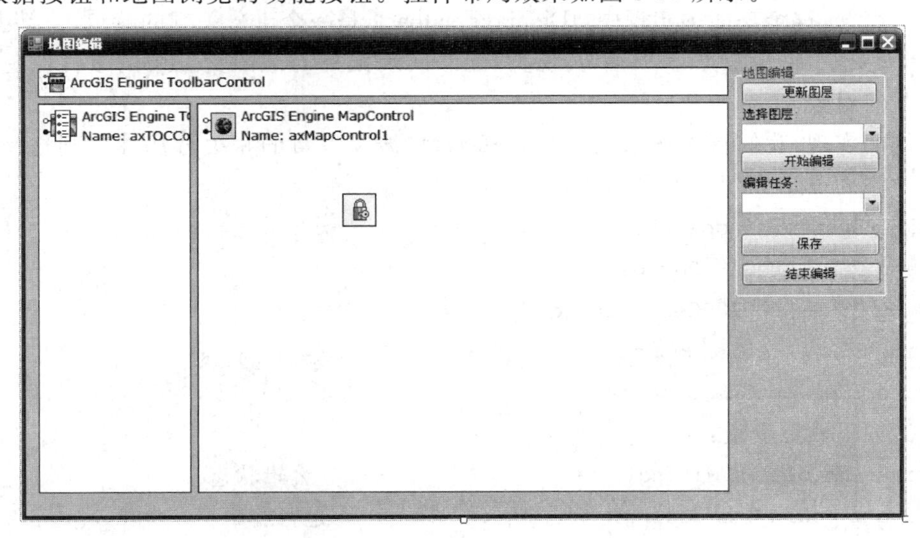

图3-57　界面效果

控件属性设置如表 3-9 所示。

表 3-9　控件属性设置(2)

控件类型	Name 属性	Text 属性	控件说明
Label		选择图层：	
Label		编辑任务：	
ComboBox	cboLayers		MapControl 中的图层
ComboBox	cboTasks		编辑的方式
Button	btnRefreshLayers	更新图层	cboLayers 载入图层名称
Button	btnStartEditing	开始编辑	开始编辑状态
Button	btnSave	保存	保存编辑
Button	btnStopEditing	结束编辑	结束编辑状态
GroupBox		地图编辑	控件容器

3.10.2　添加引用和代码

ArcEngine 中的地图编辑使用 IWorkspaceEdit 接口来进行编辑状态的管理，在需要对指定的工作空间进行编辑时，首先使用 IWorkspaceEdit 获取该工作空间的数据，然后使用 StartEditing 方法开始编辑状态，StartEditOperation 方法打开具体编辑的操作，编辑完成后，使用 StopEditOperation 方法关闭编辑操作，使用 StopEditing 方法关闭编辑状态，完成编辑。

在本例中，我们实现了新的点、线、面要素的创建和移动功能，涉及比较复杂的鼠标与地图间的交互，这个功能的实现中，IDisplayFeedback 是一个十分关键的接口，它涉及创建要素、移动要素、编辑节点等 31 个实现类，能够实现鼠标与地图交互中的事件的追踪，返回新的几何对象。

本例的实现，我们首先来添加一个编辑类，将涉及编辑的相关方法抽象到这个类中。在项目中添加 Edit 类并添加如下引用：

```
using System.Windows.Forms;
using ESRI.ArcGIS.Carto;
using ESRI.ArcGIS.Geodatabase;
using ESRI.ArcGIS.Geometry;
using ESRI.ArcGIS.Display;
```

定义如下成员变量：

```
private bool mIsEditing;                        //编辑状态
private bool mHasEditing;                       //是否编辑
private IFeatureLayer mCurrentLayer;            //当前编辑图层
```

```
private IWorkspaceEdit mWorkspaceEdit;         //编辑工作空间
private IMap mMap;                              //地图
private IDisplayFeedback mDisplayFeedback;  //用于鼠标与控件进行可视化交互
private IFeature mPanFeature;                   //移动的要素
```

带参数的构造函数和默认构造函数如下：

```
public Edit(IFeatureLayer editLayer,IMap map)
{
    mCurrentLayer = editLayer;
    this.mMap = map;
}
/// <summary>
/// 默认构造函数
/// </summary>
public Edit()
{
}
```


添加编辑状态相关属性和方法：

```
/// <summary>
/// 返回编辑状态
/// </summary>
/// <returns></returns>
public bool IsEditing()
{
    return mIsEditing;
}
/// <summary>
/// 是否编辑
/// </summary>
/// <returns></returns>
public bool HasEdited()
{
    return mHasEditing;
}
/// <summary>
/// 开始编辑
/// </summary>
public void StartEditing()
{
```

```
        //获取要素工作空间
        IFeatureClass pFeatureClass = mCurrentLayer.FeatureClass;
        IWorkspace pWorkspace = (pFeatureClass as IDataset).Workspace;
        mWorkspaceEdit = pWorkspace as IWorkspaceEdit;
        if (mWorkspaceEdit == null)
            return;
        //开始编辑
        if (!mWorkspaceEdit.IsBeingEdited())
        {
            mWorkspaceEdit.StartEditing(true);
        mIsEditing = true;
        }
    }
    /// <summary>
    /// 保存编辑
    /// </summary>
    /// <param name = "save">true 时保存,false 时不保存</param>
    public void SaveEditing(bool save)
    {
        if (!save)
        {
            mWorkspaceEdit.StopEditing(false);
        }
        else if (save && mHasEditing && mIsEditing)
        {
            mWorkspaceEdit.StopEditing(true);
        }
        mHasEditing = false;
    }
    /// <summary>
    /// 停止编辑
    /// </summary>
    /// <param name = "save"></param>
    public void StopEditing(bool save)
    {
        this.SaveEditing(save);
        mIsEditing = false;
    }
```

下面添加鼠标与地图的交互事件，包括创建要素时鼠标的MouseDown事件、MouseMove事件和DoubleClick事件，移动要素时鼠标的MouseDown事件、MouseMove事件和MouseUp事件。

创建要素时首先在MouseDown事件中获取鼠标点击的点位，若图层为点图层，则直接创建要素，若为线图层或面图层，则作为第一个节点，以后每次点击都会添加一个节点，直到双击鼠标完成要素的创建。创建要素时的MouseDown事件在这里定义为CreateMouseDown。代码如下：

```
public void CreateMouseDown(double mapX,double mapY)
{
    //鼠标点击位置
    IPoint pPoint = new PointClass();
    pPoint.PutCoords(mapX,mapY);

    INewLineFeedback pNewLineFeedback;
    INewPolygonFeedback pNewPolygonFeedback;
    //判断编辑状态
    if (mIsEditing)
    {
        //针对线和多边形，判断交互状态，第一次时要初始化，再次点击则直接添
加节点
        if (mDisplayFeedback == null)
        {
            //根据图层类型创建不同要素
            switch(mCurrentLayer.FeatureClass.ShapeType)
            {
                case esriGeometryType.esriGeometryPoint:
                    //添加点要素
                    AddFeature(pPoint);
                    break;
                case esriGeometryType.esriGeometryPolyline:
                    mDisplayFeedback = new NewLineFeedbackClass();
                    //获取当前屏幕显示
                     mDisplayFeedback.Display = ((IActiveView)this.mMap).
ScreenDisplay;
                    pNewLineFeedback = mDisplayFeedback as INewLineFeedback;
                    //开始追踪
                    pNewLineFeedback.Start(pPoint);
                    break;
```

```
                    case esriGeometryType.esriGeometryPolygon:
                        mDisplayFeedback = new NewPolygonFeedbackClass();
                         mDisplayFeedback.Display = ((IActiveView)this.mMap).
ScreenDisplay;
                        pNewPolygonFeedback = mDisplayFeedback as
INewPolygonFeedback;
                        //开始追踪
                        pNewPolygonFeedback.Start(pPoint);
                        break;
            }

        }
        else //第一次之后的点击则添加节点
        {
            if (mDisplayFeedback is INewLineFeedback)
            {
                pNewLineFeedback = mDisplayFeedback as INewLineFeedback;
                pNewLineFeedback.AddPoint(pPoint);
            }
            else if (mDisplayFeedback is INewPolygonFeedback)
            {
                pNewPolygonFeedback = mDisplayFeedback as INewPolygonFeedback;
                pNewPolygonFeedback.AddPoint(pPoint);
            }
        }
    }
}
```

MouseMove 事件在创建要素时和移动要素时可以共用,代码如下:

```
public void MouseMove(double mapX,double mapY)
{
    if (mDisplayFeedback == null)
        return;
    //获取鼠标移动点位,并移动至当前点位
    IPoint pPoint = new PointClass();
    pPoint.PutCoords(mapX,mapY);
    mDisplayFeedback.MoveTo(pPoint);
}
```

创建要素时的 DoubleClick 事件代码如下:

```
public void CreateDoubleClick(double mapX,double mapY)
{
    if (mDisplayFeedback == null)
        return;
    IGeometry pGeometry = null;
    IPoint pPoint = new PointClass();
    pPoint.PutCoords(mapX,mapY);

    INewLineFeedback pNewLineFeedback;
    INewPolygonFeedback pNewPolygonFeedback;
    IPointCollection pPointCollection;
    //判断编辑状态
    if (mIsEditing)
    {
        if (mDisplayFeedback is INewLineFeedback)
        {
            pNewLineFeedback = mDisplayFeedback as INewLineFeedback;
            //添加点击点
            pNewLineFeedback.AddPoint(pPoint);
            //结束 Feedback
            IPolyline pPolyline = pNewLineFeedback.Stop();
            pPointCollection = pPolyline as IPointCollection;
            //至少两点时才创建线要素
            if (pPointCollection.PointCount < 2)
                MessageBox.Show("至少需要两点才能建立线要素!","提示");
            else
                pGeometry = pPolyline as IGeometry;
        }
        else if (mDisplayFeedback is INewPolygonFeedback)
        {
            pNewPolygonFeedback = mDisplayFeedback as INewPolygonFeedback;
            //添加点击点
            pNewPolygonFeedback.AddPoint(pPoint);
            //结束 Feedback
            IPolygon pPolygon = pNewPolygonFeedback.Stop();
            pPointCollection = pPolygon as IPointCollection;
            //至少三点才能创建面要素
            if (pPointCollection.PointCount<3)
```

```
                MessageBox.Show("至少需要三点才能建立面要素!","提示");
            else
                pGeometry = pPolygon as IGeometry;
        }
        mDisplayFeedback.Display = ((IActiveView)this.mMap).ScreenDisplay;
        //不为空时添加
        if (pGeometry != null)
        {
            AddFeature(pGeometry);
            //创建完成将 DisplayFeedback 置为空
            mDisplayFeedback = null;
        }
    }
}
```

移动要素的实现与创建要素是不同的,移动要素时,首先在 MouseDown 事件中获取鼠标点击的点位,然后根据该点位使用空间查询的方式获取当前编辑图层中的要素,然后该要素跟随鼠标的移动而移动,直到要素移动到新的位置,MouseUp 事件被触发为止。

移动要素的 MouseDown 事件定义为 PanMouseDown,代码如下:

```
public void PanMouseDown(double mapX,double mapY)
{
    //清除地图选择集
    mMap.ClearSelection();
    //获取鼠标点击位置
    IPoint pPoint = new PointClass();
    pPoint.PutCoords(mapX,mapY);

    IActiveView pActiveView = mMap as IActiveView;
    //获取点击到的要素
    mPanFeature = SelectFeature(pPoint);
    if (mPanFeature == null)
        return;
    //获取要素形状
    IGeometry pGeometry = mPanFeature.Shape;

    IMovePointFeedback pMovePointFeedback;
    IMoveLineFeedback pMoveLineFeedback;
    IMovePolygonFeedback pMovePolygonFeedback;
    //根据要素类型定义移动方式
```

```
    switch(pGeometry.GeometryType)
    {
        case esriGeometryType.esriGeometryPoint:
            mDisplayFeedback = new MovePointFeedbackClass();
            //获取屏幕显示
            mDisplayFeedback.Display = pActiveView.ScreenDisplay;
            //开始追踪
            pMovePointFeedback = mDisplayFeedback as IMovePointFeedback;
            pMovePointFeedback.Start((IPoint)pGeometry,pPoint);
            break;
        case esriGeometryType.esriGeometryPolyline:
            mDisplayFeedback = new MoveLineFeedbackClass();
            mDisplayFeedback.Display = pActiveView.ScreenDisplay;
            //开始追踪
            pMoveLineFeedback = mDisplayFeedback as IMoveLineFeedback;
            pMoveLineFeedback.Start((IPolyline)pGeometry,pPoint);
            break;
        case esriGeometryType.esriGeometryPolygon:
            mDisplayFeedback = new MovePolygonFeedbackClass();
            mDisplayFeedback.Display = pActiveView.ScreenDisplay;
            //开始追踪
            pMovePolygonFeedback = mDisplayFeedback as IMovePolygonFeedback;
            pMovePolygonFeedback.Start((IPolygon)pGeometry,pPoint);
            break;
    }
}
```

移动要素的 MouseUp 事件定义为 PanMouseUp,代码如下:

```
public void PanMouseUp(double mapX,double mapY)
{
    if (mDisplayFeedback == null)
        return;
    //获取点位
    IActiveView pActiveView = mMap as IActiveView;
    IPoint pPoint = new PointClass();
    pPoint.PutCoords(mapX,mapY);

    IMovePointFeedback pMovePointFeedback;
    IMoveLineFeedback pMoveLineFeedback;
```

```
        IMovePolygonFeedback pMovePolygonFeedback;
        IGeometry pGeometry;
        //根据移动要素类型选择移动方式
        if (mDisplayFeedback is IMovePointFeedback)
        {
            pMovePointFeedback = mDisplayFeedback as IMovePointFeedback;
            //结束追踪
            pGeometry = pMovePointFeedback.Stop();
            //更新要素
            UpdateFeature(mPanFeature,pGeometry);
        }
        else if (mDisplayFeedback is IMoveLineFeedback)
        {
            pMoveLineFeedback = mDisplayFeedback as IMoveLineFeedback;
            //结束追踪
            pGeometry = pMoveLineFeedback.Stop();
            //更新要素
            UpdateFeature(mPanFeature,pGeometry);
        }
        else if (mDisplayFeedback is IMovePolygonFeedback)
        {
            pMovePolygonFeedback = mDisplayFeedback as IMovePolygonFeedback;
            pGeometry = pMovePolygonFeedback.Stop();
            UpdateFeature(mPanFeature,pGeometry);
        }
        mDisplayFeedback = null;
        pActiveView.Refresh();
    }
```


另外，本例中使用到了之前定义的ConvertPixelToMapUnits()函数，用于实现屏幕距离向地图距离的转化，请自行添加该函数。

下面我们开始主窗体的实现，首先添加ESRI.ArcGIS.Carto的引用，定义Edit类的对象作为主窗体的成员变量。在主窗体的载入事件中添加如下代码：

```
    private void MainForm_Load(object sender,EventArgs e)
    {
        //加载编辑任务
        cboTasks.Items.Add("新建");
        cboTasks.Items.Add("移动");
        cboTasks.SelectedIndex = 0;
```

```
    //开始编辑之前,将编辑按钮设为不可用
    this.cboTasks.Enabled = false;
    this.btnSave.Enabled = false;
    this.btnStopEditing.Enabled = false;
}
```

双击"更新图层",添加如下代码:

```
private void btnRefreshLayers_Click(object sender,EventArgs e)
{
    //清空原有选项
    cboLayers.Items.Clear();
    //没有添加图层时返回
    if (this.axMapControl1.Map.LayerCount == 0)
    {
        MessageBox.Show("MapControl中未添加图层!","提示");
        return;
    }
    //加载图层
    for (int i = 0; i < this.axMapControl1.Map.LayerCount; i++)
    {
        ILayer pLayer = this.axMapControl1.get_Layer(i);
        cboLayers.Items.Add(pLayer.Name);
    }
    this.axMapControl1.Refresh();
    cboLayers.SelectedIndex = 0;
}
```

双击"开始编辑",添加如下代码:

```
private void btnStartEditing_Click(object sender,EventArgs e)
{
    //判断是否存在可编辑图层
    if (this.axMapControl1.Map.LayerCount == 0)
        return;
    if (this.cboLayers.Items.Count == 0)
    {
        MessageBox.Show("请选择要编辑的图层","提示");
        return;
    }

    //获取编辑图层
```

```
        IMap pMap = this.axMapControl1.Map;
        IFeatureLayer pFeatureLayer = this.axMapControl1.get_Layer(cboLayers.
SelectedIndex) as IFeatureLayer;
        //初始化编辑
        if (mEdit == null)
        {
            mEdit = new Edit(pFeatureLayer,pMap);
        }
        //开始编辑
        mEdit.StartEditing();
        //开始编辑设为不可用,将其他编辑按钮设为可用
        this.btnStartEditing.Enabled = false;
        this.cboTasks.Enabled = true;
        this.btnStopEditing.Enabled = true;
        this.btnSave.Enabled = true;
    }
```


双击“保存”,添加如下代码:

```
    private void btnSave_Click(object sender,EventArgs e)
    {
        //判断编辑是否初始化
        if (mEdit == null)
            return;
        //处于编辑状态且已编辑则保存
        if (mEdit.IsEditing()&&mEdit.HasEdited())
        {
            mEdit.SaveEditing(true);
        }
    }
```

双击“停止编辑”,添加如下代码:

```
    private void btnStopEditing_Click(object sender,EventArgs e)
    {
        if (mEdit == null)
            return;
        if (mEdit.HasEdited())
        {
        DialogResult dr = MessageBox.Show("图层已编辑,是否保存?","提示",Mes-
sageBoxButtons.OKCancel);
        if (dr == DialogResult.OK)
```

```
            mEdit. SaveEditing(true);
        else
            mEdit. SaveEditing(false);
    }
}
```

在 MapControl 的 MouseDown 事件中添加如下代码：

```
private void axMapControl1_OnMouseDown(object sender,
ESRI. ArcGIS. Controls. IMapControlEvents2_OnMouseDownEvent e)
{
        //判断是否鼠标左键
        if (e. button ! = 1)
            return;
        //判断是否处于编辑状态
        if (mEdit. IsEditing())
        {
            switch(cboTasks. SelectedIndex)
            {
                case 0:
                    mEdit. CreateMouseDown(e. mapX,e. mapY);
                    break;
                case 1:
                    mEdit. PanMouseDown(e. mapX,e. mapY);
                    break;
            }
        }
}
```

在 MapControl 的 MouseMove 事件中添加如下代码：

```
private void axMapControl1_OnMouseMove(object sender,
ESRI. ArcGIS. Controls. IMapControlEvents2_OnMouseMoveEvent e)
{
        //判断是否处于编辑状态
        if (mEdit. IsEditing())
        {
            switch(cboTasks. SelectedIndex)
            {
                case 0:
                case 1:
                    mEdit. MouseMove(e. mapX,e. mapY);
```

```
                    break;
            }
        }
    }
```

在 MapControl 的 Mouseup 事件中添加如下代码：

```
    private void axMapControl1_OnMouseUp(object sender,
ESRI.ArcGIS.Controls.IMapControlEvents2_OnMouseUpEvent e)
    {
            //判断是否鼠标左键
            if (e.button != 1)
                return;
            //判断是否处于编辑状态
            if (mEdit.IsEditing())
            {
                switch(cboTasks.SelectedIndex)
                {
                    case 0:
                        break;
                    case 1:
                        mEdit.PanMouseUp(e.mapX,e.mapY);
                        break;
            }
        }
    }
```

在 MapControl 的 OnDoubleClick 事件中添加如下代码：

```
    private void axMapControl1_OnDoubleClick(object sender,
ESRI.ArcGIS.Controls.IMapControlEvents2_OnDoubleClickEvent e)
    {
            //判断是否鼠标左键
            if (e.button != 1)
                return;

            //判断是否处于编辑状态
            if (mEdit.IsEditing())
            {
                switch(cboTasks.SelectedIndex)
                {
                    case 0:
```

```
                mEdit.CreateDoubleClick(e.mapX,e.mapY);
                break;
            case 1:
                break;
        }
    }
}
```

至此,我们完成了代码的编写,在运行程序之前,我们同样需要将 LicenceControl 的权限修改为 ArcInfo。运行程序,添加数据,点击"更新图层",则当前 MapControl 中的图层添加到"选择图层"的下拉菜单中,选择要编辑的图层,这里以 usa.mxd 中的 states 为例,然后点击"开始编辑","编辑任务""保存""结束编辑"被激活,选择"编辑任务"中的"新建",然后在 MapControl 中画线,效果如图 3-58 所示。选择"编辑任务"中的"移动",选中要素并移动,效果如图 3-59 所示。

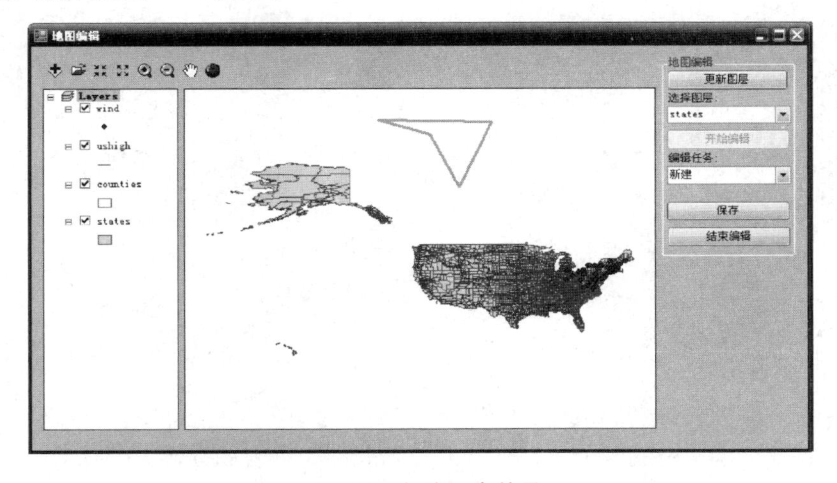

图 3-58　新建要素效果

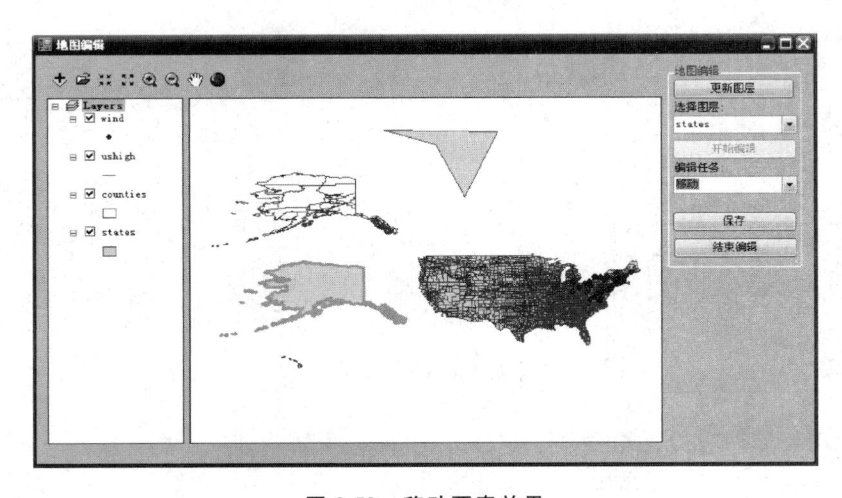

图 3-59　移动要素效果

3.10.3 小结

地图编辑是 ArcGIS 中比较复杂和困难的环节，涉及的对象和接口非常多，上面实例只是实现了最基础的编辑活动，如果读者对二次开发感兴趣，可以自己试着阅读 ArcGIS 二次开发相关书籍，了解与编辑相关的接口和方法，自己实现。

Chapter 4

第4章

ArcGIS for Server 开发

4.1 ArcGIS API for Javascript 基本概念

ArcGIS API for Javascript 是由美国 ESRI 公司推出，跟随 ArcGIS 9.3 同时发布的，是 ESRI 基于 Dojo 框架和 REST 风格实现的一套编程接口。通过 ArcGIS API for Javascript 可以对 ArcGIS for Server 进行访问，并且将 ArcGIS for Server 提供的地图资源和其他资源(ArcGIS Online)嵌入 Web 应用中。其主要特点有：

(1)空间数据展示　加载地图服务，影像服务，WMS 等。

(2)客户端 Mashup　将来自不同服务器、不同类型的服务在客户端聚合后统一呈现给客户。

(3)图形绘制　在地图上交互式地绘制查询范围或地理标记等。

(4)符号渲染　提供对图形进行符号化、要素图层生成专题图和服务器端渲染等功能。

(5)查询检索　基于属性和空间位置进行查询，支持关联查询，对查询结果的排序、分组以及对属性数据的统计。

(6)地理处理　调用 ArcGIS for Server 发布的地理处理服务(GP 服务)，执行空间分析，地理处理或其他需要服务器端执行的工具、模型、运算等。

(7)网络分析　计算最优路径、临近设施和服务区域。

(8)在线编辑　通过要素服务编辑要素的图形、属性、附件，进行编辑追踪。

(9)时态感知　展示、查询具有时间特征的地图服务或影像服务数据。

(10)影像处理　提供动态镶嵌、实时栅格函数处理等功能。

(11)地图输出　提供多种地图图片导出和服务器端打印等功能。

4.1.1　ArcGIS for Server 服务类型

服务简单地说就是 ArcGIS for Server 发布的 GIS 资源,不同的资源可以被发布为不同的服务,不同的服务具有不同的功能,详细信息如表 4-1 所示。

表 4-1　ArcGIS for Server 服务及功能

服务类型	使用的 GIS 资源	功能描述
2D 地图服务	2D 地图文档(. mxd,. pmf)	显示、查询和分析 2D 地图,支持动态的和缓存的地图服务。
地理编码服务	地址定位器(. loc,. mxs,SDEbatchlocator)	在服务器上执行地址匹配。
空间数据服务	数据库连接文件(. sde)或者文件数据库或者引用版本化数据库数据的地图文档	提供对 Geodatabase 的访问、查询、更新和管理。
几何服务	不需要 GIS 资源	没有 GIS 资源的服务,提供对几何图形的操作,如简化,投影等。
地理处理服务	执行成功的地理处理工具	提供空间分析和地理处理服务。
3D 地图服务	3D 地图文档(. 3dd,. pmf)	显示、查询和分析 3D 地图。
影像服务	栅格数据集、镶嵌数据集、栅格图层	提供对栅格、影像数据的访问服务。
搜索服务	文件夹或者数据库连接文件(. sde)	提供对企业级 GIS 数据资源的检索服务。目前只能在 ArcGIS for Desktop 软件中使用该服务。

4.1.2　ArcGIS for Server 主要服务具备的能力

上面我们介绍了服务对应的资源类型及其功能。不同的服务具有不同的能力并且支持不同的操作,在使用 ArcGIS API for Javascript 的时候,其实就是在使用这些 REST API 服务对外的能力,了解每种服务的具体功能,在开发的时候就可以根据需求做到游刃有余。

发布好一个地图服务时,我们进入 ArcGIS for Server 的管理页面,可以看到非常详细的信息,图 4-1 是我发布的一个叫作 JsMap 的 2D 地图动态服务,在功能选项卡中可以看到该服务可以支持的功能以及每种功能支持的操作。

图 4-1　地图服务的地图功能

（1）2D 地图服务（表 4-2）

表 4-2　2D 地图服务具备的能力

服务能力	功能描述
Mapping	提供对地图文档内容的显示、访问等。地图服务始终具备该功能。
Feature Access	提供对地图上矢量要素的访问和编辑。
Mobile Data Access	允许从移动设备访问地图文档中的数据。
WMS	使用符合 OGC WMS 标准的服务提供的操作。
KML	允许使用 KML 服务规范提供的操作。
Network Analysis	使用网络分析扩展模块解决交通网络的分析问题。
WFS	使用符合 OGC WFS 标准的服务提供的操作。
WCS	创建符合 OGC WCS 标准的服务提供的操作。
Schematics	提供对逻辑示意图的查询和编辑。

（2）影像服务（表 4-3）

表 4-3　影像服务具备的能力

服务能力	功能描述
Imaging	提供对栅格数据集或镶嵌数据集的访问，包括像素值、属性、元数据和波段。影像服务自动具备该能力。

续表 4-3

服务能力	功能描述
JPIP	当使用 JPEG 2000 文件和配置来自 ITTVIS 的 JPIP 服务器时提供 JPIP 流能力。
WMS	使用符合 OGC WMS 标准的服务提供的操作。
WCS	使用符合 OGC WCS 标准的服务提供的操作。

(3)3D 地图服务(表 4-4)

表 4-4　3D 地图服务具备的能力

服务能力	功能描述
Globe	提供对 Globe 文档内容的访问。Globe 服务自动具备该能力。

(4)空间数据服务(表 4-5)

表 4-5　空间数据服务具备的能力

服务能力	功能描述
Geodata	提供对 Geodatabase 数据的查询、提取和复制。Geodata 服务始终具备该功能。
WFS	使用符合 OGC WFS 标准的服务提供的操作。
WCS	创建符合 OGC WCS 标准的服务提供的操作。

(5)地理编码服务(表 4-6)

表 4-6　地理编码服务具备的能力

服务能力	功能描述
Geocoding	提供对地址定位器的访问。Geocoding 服务始终具备该功能。

(6)地理处理服务(表 4-7)

表 4-7　地理处理服务具备的能力

服务能力	功能描述
Geoprocessing	提供对工具箱或工具图层中地理处理模型的访问。Geoprocessing 服务自动具备该能力。

(7)几何服务(表 4-8)

表 4-8　几何服务具备的能力

服务能力	功能描述
Geometry	提供执行几何计算的内部引擎，如投影、生成缓冲区、简化点、合并、裁剪等 19 个功能。

(8)数据检索服务(表 4-9)

表 4-9　数据检索服务具备的能力

服务能力	功能描述
Search	提供对企业级 GIS 数据资源的检索。Search 服务始终具备该能力。

4.2 应用开发起步

4.2.1 集成开发环境和 API 的准备

工欲善其事,必先利其器。开发 Javascript 的程序,有许多工具可以选择,比如 Eclipse、Aptana、Visual Studio 等,所谓"萝卜青菜各有所爱",自己根据喜好去选择。

在这里采用的集成开发环境是 Visual Studio 2010 专业版,开发环境安装完成后,我们需要引入 ArcGIS API for Javascript 的开发包,API 可以从 ESRI 官网下载。该页面中列出了 ESRI 发布的各种版本的 API,对于 ArcGIS API for Javascript,不仅仅提供了 API,还提供了 SDK(SDK 里面含有 API 的帮助和例子),需要注意的是,想获取 API 和 SDK,需要注册一个 ESRI 全球账户。将下载后的 API 压缩包解压,可以看到其结构如图 4-2 所示。

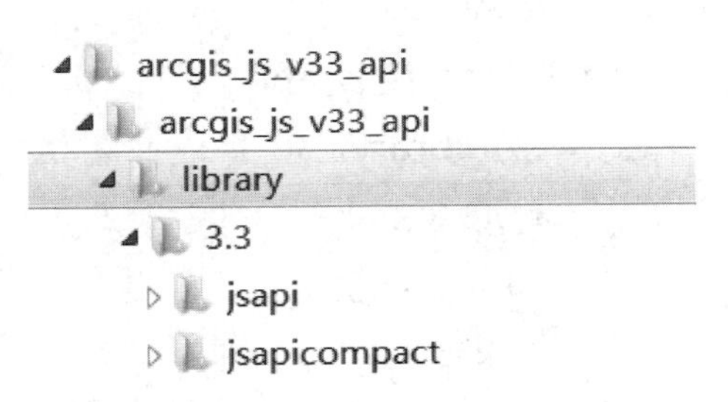

图 4-2　ArcGIS API for Javascript 文件结构

在这里可以看到 jsapi 和 jsapicompact 两个目录,其中紧凑版本去掉了 Dojo Dijit 的依存关系,并最大限度地减少了不必要的 ArcGIS JSAPI 类,紧凑版本的目的是用在网速慢和有网络延迟的环境中,比如移动设备。

4.2.2 ArcGIS API for Javascript 离线部署

初学者为了学习简单,可以引用在线的 Javascript。但是如果只能连接内网,而无法连接互联网或者网速较慢的情况下,使用本地部署的 Javascript 是一个更佳的选择。将下载解压的 ArcGIS API for Javascript 离线包按照下面的步骤部署(以 jsapi 这个包为例):

①用记事本打开"API解压目录\library\3.3\jsapi\init.js"文件,将文本中[HOSTNAME_AND_PATH_TO_JSAPI]用＜myserver＞/arcgis_js_api/library/3.3/jsapi/替换,其中myserver可以是机器名、IP等,在这里我用的是localhost,将[HOSTNAME_AND_PATH_TO_JSAPI]替换为localhost/arcgis_js_api/library/3.3/jsapi/。②用记事本打开"API解压目录\library\3.3\jsapi\js\dojo\dojo\dojo.js"文件,将[HOSTNAME_AND_PATH_TO_JSAPI]替换为localhost/arcgis_js_api/library/3.3/jsapi/。整个替换过程可以用记事本的查找替换功能,如图4-3所示。③将修改后的文件连同解压目录内的所有文件拷贝到Web服务器根目录,以IIS为例,拷贝到wwwroot目录下的arcgis_js_api,最终的目录结构如图4-4所示。

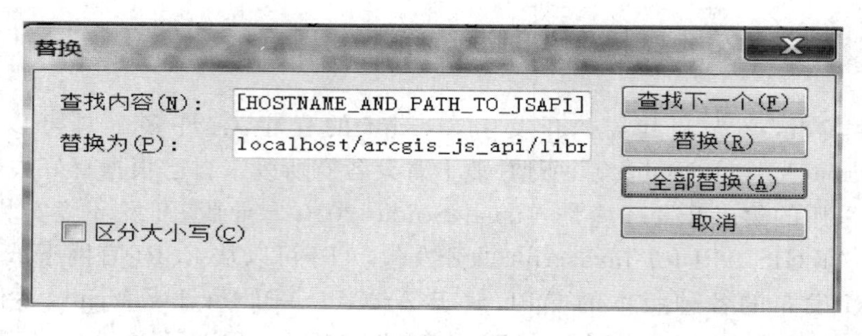

图4-3　替换操作

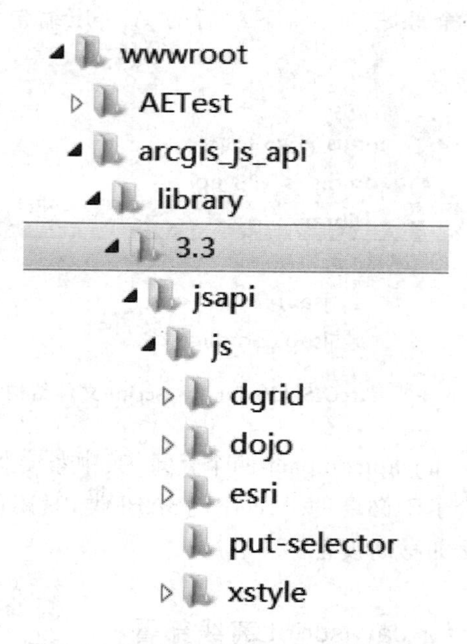

图4-4　服务器上部署API之后的结构

说明:如果要部署紧凑版本的API包,仍然按照上面的步骤,只是在替换的时候将[HOSTNAME_AND_PATH_TO_JSAPI]替换为＜myserver＞/arcgis_js_api/library/3.3/jsapicompact/。

4.2.3　ArcGIS API for Javascript 帮助的离线部署

一个好的帮助就是一本可以让人获益匪浅的秘籍，ESRI 提供的帮助不仅仅有 API 的详细说明，还带了丰富的例子让我们学习，将 SDK 部署在本机是非常有用的，部署 SDK 很容易，只需要解压，然后放到服务器根目录下即可，部署后我本机 SDK 的结构如图 4-5 所示。

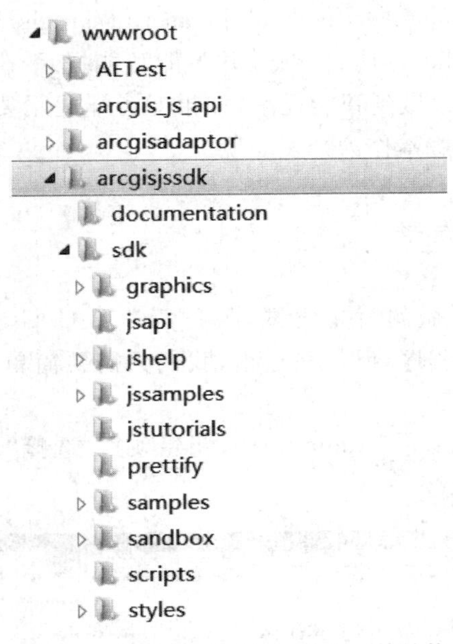

图 4-5　服务器上部署 SDK 之后的结构

在浏览器中我们输入 http://localhost/arcgisjssdk/sdk/index.html，可以看到如图 4-6 所示的页面。

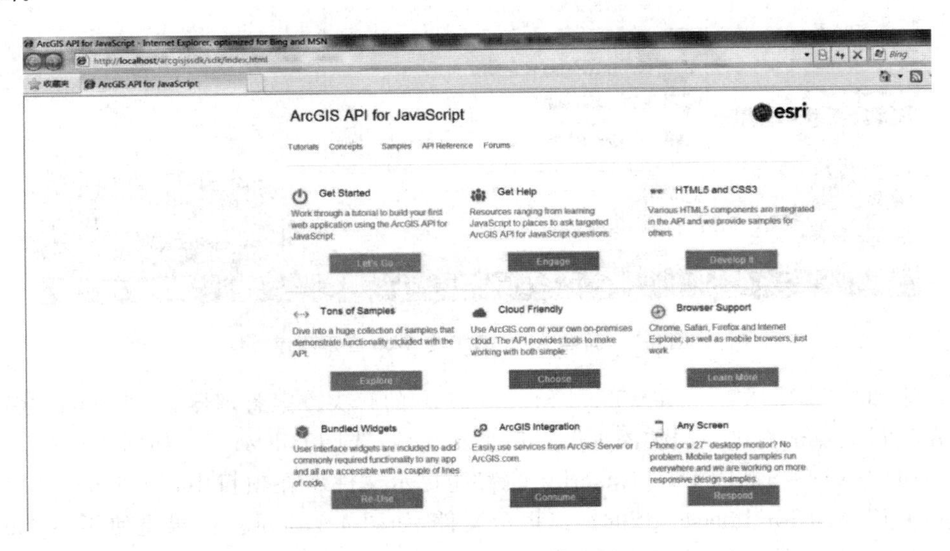

图 4-6　测试 SDK 能否访问

4.2.4 关于智能提示

开发如果没有智能提示，可想而知是一件多么痛苦的事情，好在 ESRI 为 Visual Studio 2010、Aptana 3 提供了一个插件，这样就使我们在使用 ArcGIS API for Javascrip 的时候获得了方便，可以大大节约开发时间。这个插件其本质就是一个 Javascript 文件，下载地址为 http://help.arcgis.com/en/webapi/Javascript/arcgis/jsapi/#api_codeassist。需要注意的是：在 Visual Studio 2010 中 dojo 并不能智能提示，但 Aptana 和 Visual Studio 2012 以上版本中对 dojo 可以做到智能提示，如果对智能提示要求高的，可以采用 Aptana 和 Visual Studio 2012 以上版本作为开发环境。

4.2.5 第一个应用程序

一切就绪之后，我们要做的就是尝试，跟我们学习 C、C# 语言一样，都会用"Hello World!"作为我们的第一个程序，但是在这里，我们只需要简单地加载一幅网上地图作为我们的开始。

(1)建立项目　启动 Visual Studio 2010，新建项目，选择"ASP. NET 空 Web 应用程序"，给项目命名，如图 4-7 所示。

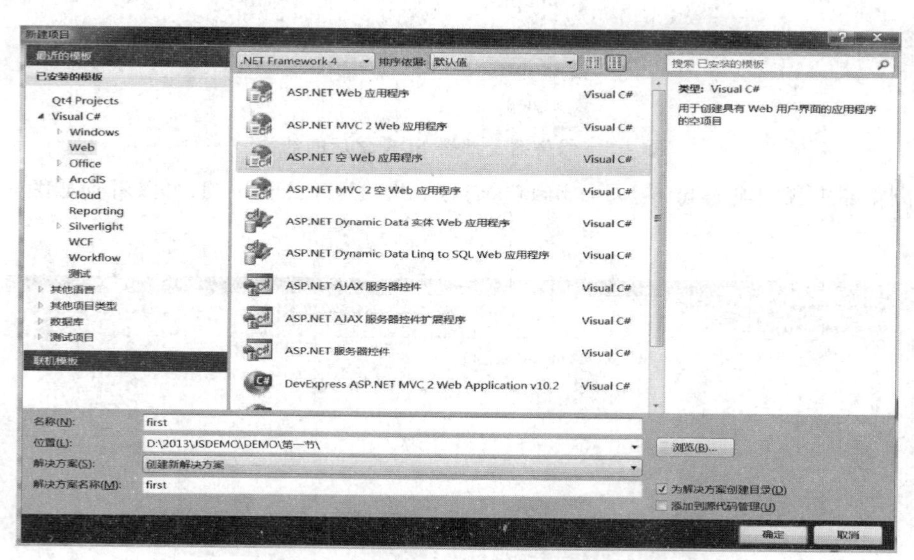

图 4-7　新建 ASP. NET 空 Web 应用程序

(2)添加 HTML 文件　在 Visual Studio 2010 的解决方案管理器中，找到刚才新建的项目，在项目上点击右键，选择"添加"，然后是新建项，选择 HTML 页，如图 4-8 所示。

(3)引入 ArcGIS API for Javascript 的智能提示文件　在项目中，创建 dojo 文件夹，引入 ArcGIS API for Javascript 的智能提示文件，如图 4-9 所示。如果是使用 Aptana 3，直接将智能提示文件拷贝到工程里面就可以了。

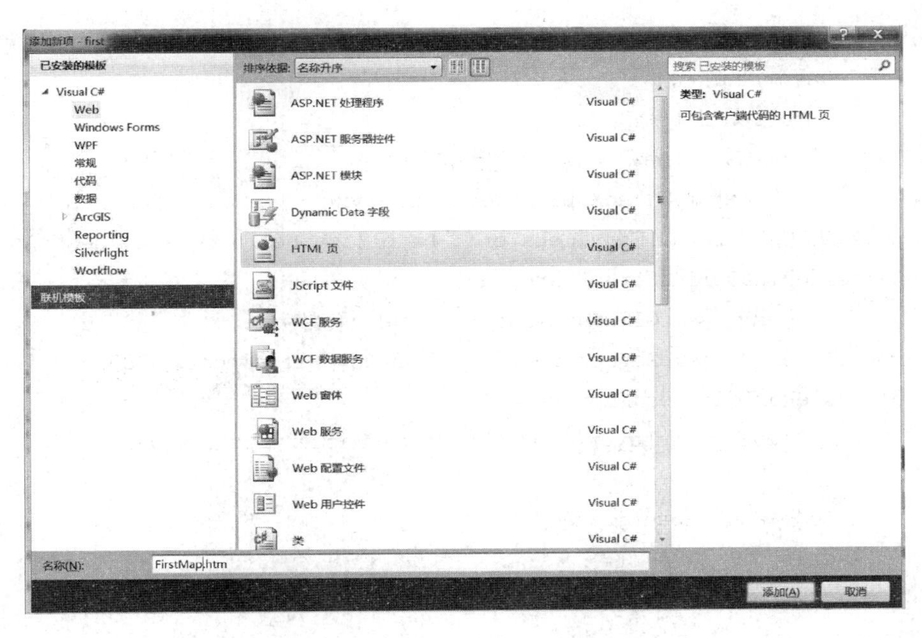

图 4-8　添加 HTML 页面

first
Properties
引用
dojo
jsapi_vsdoc10_v33.js
FirstMap.htm
Web.config

图 4-9　引入智能提示文件

(4)编写代码　打开 FirstMap. html 页面，添加下面的代码：

```
"http://www.w3.org/TR/xhtml1/DTD/xhtml1-transitional.dtd">
<html xmlns = "http://www.w3.org/1999/xhtml">
  <head>
    <meta http-equiv = "Content-Type" content = "text/html; charset = utf-8"/>
    <title>第一个地图应用</title>
    <link rel = "stylesheet" type = "text/css"
href = "http://localhost/arcgis_js_api/library/3.20/3.20/dijit/themes/tundra/tundra.css"/>
    <link rel = "stylesheet" type = "text/css"
href = "http://localhost/arcgis_js_api/library/3.20/3.20/esri/css/esri.css" />
    <script type = "text/javascript"
src = "http://localhost/arcgis_js_api/library/3.20/3.20/init.js"></script>
    <script type = "text/javascript">
```

```
            dojo.require("esri.map");
            var myMap;
            function init() {
                myMap = new esri.Map("mapDiv");
                //var myTiledMapServiceLayer = new
esri.layers.ArcGISTiledMapServiceLayer("http://cache1.arcgisonline.cn/arcgis/rest/services/ChinaOnlineStreetWarm/MapServer");
                var myArcGISDynamicMapServiceLayer = new
esri.layers.ArcGISDynamicMapServiceLayer("http://localhost:6080/arcgis/rest/services/SampleWorldCities/MapServer");
                myMap.addLayer(myArcGISDynamicMapServiceLayer);
            }
            dojo.addOnLoad(init);
        </script>
    </head>
    <body class="tundra">
        <div id="mapDiv" style="width:900px; height:600px; border:1px solid #000;"></div>
    </body>
</html>
```


(5)运行　运行 Visual Studio 后，可以看到如图 4-10 所示的效果。

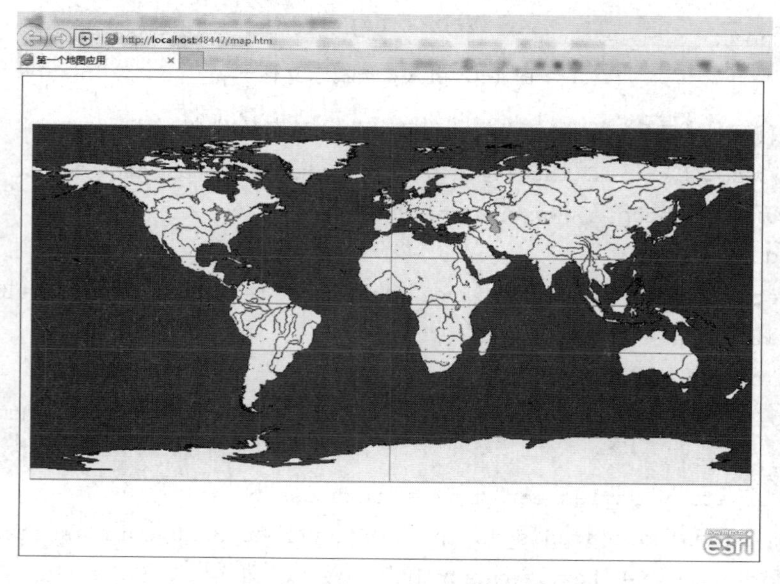

图 4-10　第一个应用程序效果图

4.3 基础入门

4.3.1 基础概念

（1）地图　Map 是承载图层的容器，主要用于呈现地图服务、影像服务，此外还可以展示 WMS 服务等，一个图层只有被添加到 Map 中，才能被显示出来。

（2）图层　图层是承载服务的载体（GraphicsLayer 除外），ArcGIS for Server 将 GIS 资源作为服务发布出来，要想在浏览器端看到这些服务，就必须将这些服务和图层关联起来，不同的服务对应不同的图层类型，表 4-10 列出了这些服务和 ArcGIS API for Javascript 中图层的对应关系。

表 4-10　图层和服务的对应关系

图层	服务
ArcGISDynamicMapServiceLayer	ArcGIS for Server 发布的 2D 动态地图服务
ArcGISTiledMapServiceLayer	ArcGIS for Server 发布的 2D 缓存地图服务
ArcGISImageServiceLayer	ArcGIS for Server 发布的影像地图服务
GraphicsLayer	客户端图层不对应 ArcGIS for Server 发布的服务
FeatureLayer	ArcGIS for Server 发布的要素服务或者地图服务中的图层
WMSLayer	调用 OGC(Open Geospatial Consortium)矢量地图服务
WMTSLayer	OGC(Open Geospatial Consortium)地图切片服务
KMLLayer	Keyhole Markup Language 描述和保存地理信息文件
VETiledLayer	微软的 Bing 地图服务
GeoRssLayer	支持 GeoRss 服务

图层在 Map 中是有一定的顺序的，当一个图层加入 Map 中，后加入的图层是在 Map 的最上层，图层顺序可以看图 4-11。

图 4-11　图层顺序

（3）Geometry　几何对象用于表示对象的显示形式，在 ArcGIS API for Javascript 中 Geometry 大体上可以分为下面几类：点、多点、线、矩形、多边形和 ScreenPoint。其中

ScreenPoint 对象是最新版本增加的，是以像素的方式表示的点，而点、多点、线、矩形、多边形都是继承 Geometry，其关系如图 4-12 所示。Geometry 类型明细见表 4-11。

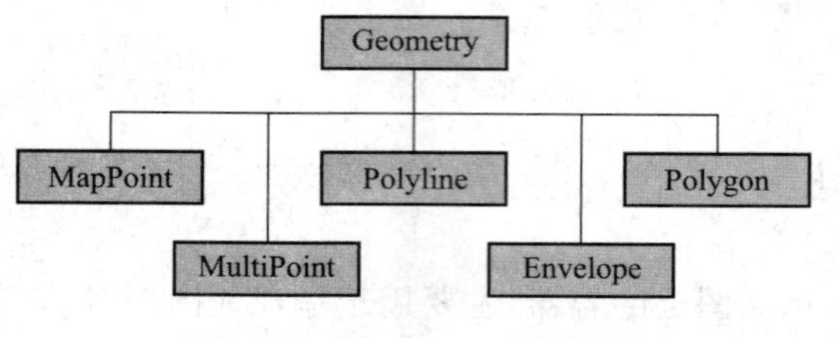

图 4-12 Geometry 对象结构

表 4-11 Geometry 类型明细

图层	服务
Geometry	抽象类，定义几何体的图形
MapPoint	点对象
ArcGISImageServiceLayer	ArcGIS for Server 发布的影像地图服务
GraphicsLayer	客户端图层不对应 ArcGIS for Server 发布的服务
FeatureLayer	ArcGIS for Server 发布的要素服务或者地图服务中的图层
WMSLayer	调用 OGC(Open Geospatial Consortium)矢量地图服务
WMTSLayer	OGC(Open Geospatial Consortium)地图切片服务
KMLLayer	Keyhole Markup Language 描述和保存地理信息文件
VETiledLayer	微软的 Bing 地图服务
GeoRssLayer	支持 GeoRss 服务

(4)Symbol　Symbol 定义了如何在 GraphicsLayer 上显示点、线、面和文本，符号定义了几何对象的所有非地理特征方面的外观，包括图形的颜色、边框线宽度、透明度等等。ArcGIS API for Javascript 包含了很多符号类，每个类都允许你使用唯一的方式制定一种符号。每种符号都特定于一种类型(点、线、面和文本)，见表 4-12。

表 4-12 几何类型和对应的符号

类型	符号
点	SimpleMarkerSymbol、PictureMarkerSymbol
线	SimpleLineSymbol、CartographicLineSymbol
面	SimpleFillSymbol、PictureFillSymbol
文本	TextSymbol

在 ArcGIS API for Javascript 中符号是有一定的继承关系的，其祖先为 Symbol，具体继承结构如图 4-13 所示。

- Symbol
  - MarkerSymbol
    - SimpleMarkerSymbol
    - PictureMarkerSymbol
    - TextSymbol
  - FillSymbol
    - SimpleFillSymbol
    - PictureFillSymbol
  - LineSymbol
    - SimpleLineSymbol
    - CartographicLineSymbol

图4-13 符号继承关系结构图

(5)Graphic　Geometry定义了对象的形状，Symbol定义了图形是如何显示的，Graphic可以包含一些属性信息，并且在Javascript中还可以使用infoTemplate(一个InfoTemplate包含标题和内容模板字符串，该内容模板字符串用于将Graphic的属性转换成HTML的表达式)定义如何对属性信息进行显示，最终的Graphic则是被添加到GraphicsLayer中，GraphicsLayer允许对Graphics进行事件监听，对于Graphic的描述可以用一个数学表达式来表示：Graphic＝Geometry＋Attribute＋Symbol＋infoTemplate。Graphic和几何对象、属性、符号以及模板的关系如图4-14所示。

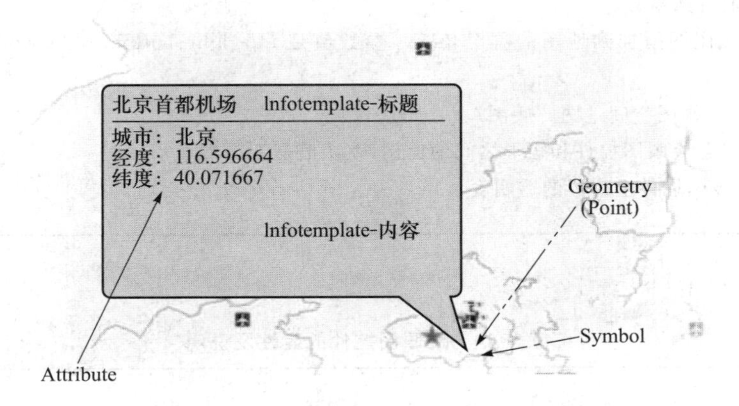

图4-14 Graphic和几何对象、属性、符合以及模板的关系

(6)Render　渲染器定义了一种或多种符号以应用于一个GraphicsLayer。每个Graphic所使用的符号取决于该Graphic的属性值。渲染器指定了属性值与符号之间的对应关系。

(7)FeatureSet　FeatureSet是要素类的轻量级表示，相当于地理数据库中的一个要素类，是Feature(要素)的集合，FeatureSet中的每个Feature可能包含Geometry、属性、符号和一个InfoTemplate。如果FeatureSet不包含Geometry，只包含属性，那么FeatureSet可以看作一个表，其中每个Feature是一个行对象。FeatureSet是我们在利用ArcGIS

API for Javacript 和 ArcGIS for Server 进行数据通信的一个非常重要的对象，当使用查询、地理处理和路径分析的时候，FeatureSet 常常作为这些分析功能的输入和输出参数。

4.3.2 常用控件(小部件)

开发的时候会和各种各样的小部件(我在这里称为控件)打交道。ArcGIS API for Javascript 提供了很多用来帮助我们快速开发的控件或者小部件，这些控件除了工具条之外，其余都位于 esri. dijit 中，而工具条位于 esri. toolbars 中，现对常用控件做下介绍。

4.3.2.1 鹰眼图控件

鹰眼图(OverviewMap)控件用于在其关联的主地图内较清楚地显示当前鸟瞰图的范围。当主地图范围变化时，鹰眼图会自动在其空间内更新范围以保持和地图的当前范围保持一致，当鹰眼图空间的地图范围变化时，主地图的显示范围也会变化，主地图范围在 OverviewMap 控件中以矩形表示。

(1)主要方法(表 4-13)

表 4-13 鹰眼图控件的主要方法

构造方法：esri. dijit. OverviewMap(params，srcNodeRef) 构造方法在创建一个鹰眼图的时候需要传入关联的地图对象和一个用于呈现鹰眼图控件的 HTML 元素，该元素可选，如果没有设置该 HTML 元素，将呈现在地图对象上，另外还包括很多可选参数，以下几个为常用的可选参数。 attachTo：指定鹰眼图附加到地图的哪个角落。参数值是 top-right、bottom-right、bottom-left 和 top-left。 baseLayer：指定鹰眼图空间地图的底图。 expandFactor：设置鹰眼图控件和矩形之间的比例，默认值是 2。 opacity：指定鹰眼图控件上矩形的透明度。

(2)属性(表 4-14)

表 4-14 鹰眼图控件的属性及说明

属性	说明
hide	隐藏鹰眼图控件
show	显示鹰眼图控件
startup	当构造函数创建成功后，使用该方法后就可以进行用户交互了(几乎所有的控件(Map 除外)都有该方法)
destroy	当应用程序不再需要比例尺控件的时候，摧毁该对象(几乎所有的控件都有该方法)

在 dijit 一系列生命周期中，一个重要方法是启动方法 startup。这个方法会在 DOM

节点被创建并添加到网页之后执行,同时这个方法也会等待当前控件中所包含的子控件被创建并正确启动之后才执行。

4.3.2.2　Scalebar 控件

Scalebar 用于在地图上或者一个指定的 HTML 节点中显示地图的比例尺信息。

(1)主要方法(表 4-15)

表 4-15　Scalebar 控件的主要方法

构造方法:esri. dijit. Scalebar(params,srcNodeRef) 构造方法在创建一个比例尺控件的时候需要传入关联的地图对象和一个用于呈现比例尺控件的 HTML 元素,该元素可选,如果没有设置该 HTML 元素,将呈现在地图对象上。另外还包括很多可选参数,以下几个为常用的可选参数。 attachTo:比例尺控件在其关联地图上位置。参数值是 top-right、bottom-right、bottom-left 和 top-left。 scalebarUnit:比例尺控件的单位。

(2)属性(表 4-16)

表 4-16　Scalebar 控件的主要属性

属性	说明
hide	隐藏比例尺控件
show	显示比例尺控件

(3)示例(图 4-15)

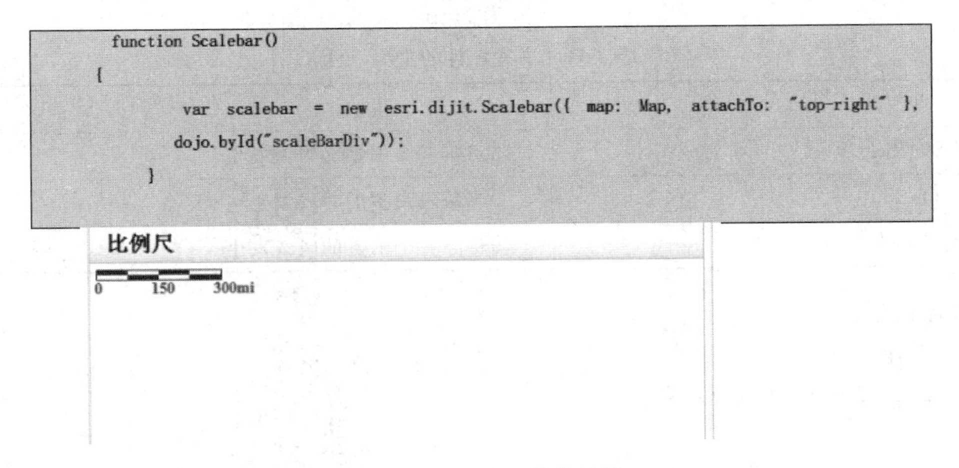

图 4-15　Scalebar 控件示例

4.3.2.3　书签控件

书签控件用于管理用户创建的地图书签(Map Book mark),提供新建书签、定位到书签和删除书签的功能。

(1)主要方法(表 4-17)

表 4-17　书签控件的主要方法

<table>
<tr><td colspan="2">构造方法:esri. dijit. Bookmarks(params,srcNodeRef)
构造方法在创建一个书签控件的时候需要传入关联的地图对象和一个用于呈现书签控件的 HTML 元素。另外还包括很多可选参数,以下几个为常用的可选参数。
bookmarks:在创建的时候用已有的书签对象初始化书签控件。
editable:书签控件是否可以编辑。</td></tr>
<tr><td>方法</td><td>说明</td></tr>
<tr><td>addBookmark</td><td>给书签控件添加一个书签</td></tr>
<tr><td>hide</td><td>隐藏书签控件</td></tr>
<tr><td>removeBookmark</td><td>给书签控件移除一个书签</td></tr>
<tr><td>show</td><td>显示书签控件</td></tr>
<tr><td>toJson</td><td>将书签对象返回一组 Json 对象</td></tr>
</table>

(2)属性(表 4-18)

表 4-18　书签控件的主要属性

属性	说明
bookmarks	返回书签控件的所有书签

(3)事件(表 4-19)

表 4-19　书签控件的主要事件

事件	说明
OnClick	当点击一个书签的时候发生
OnEdit	当编辑书签的时候发生
OnRemove	当移除一个书签的时候发生

(4)示例(图 4-16)

```
//创建书签
  function BookMarks()
  {
    Books = new esri.dijit.Bookmarks({
          Map:map,
          editable:"true"
      },dojo.byId("bookmarks"));
    }
```

```
//添加书签
function addBook0()
{
        var bookextent = Map. extent;
        var bookmarkItem = new esri. dijit. BookmarkItem({
        "exten": Ebookextent,
        "name":"北京"
    });
    Books. addBookmark(bookmarkItem);
}
```

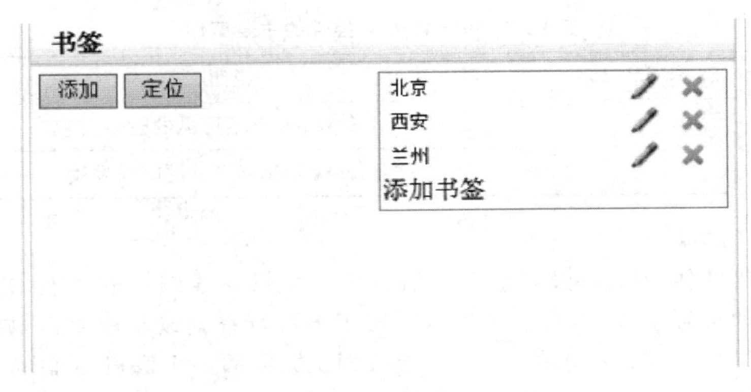

图 4-16　书签控件示例

4.3.2.4　InfoWindow 控件

InfoWindow 控件是一个带有小尾巴的窗口，小尾巴指向一个位置或感兴趣的要素，其本质上就是一个 HTML 弹出框，InfoWindow 经常包括 Graphic 的属性信息。如果 Graphic 定义了 InfoTemplate，则点击 Graphic 显示 InfoTemplate 所定义的，每个地图仅有一个 InfoWindow，无构造函数。

(1)主要方法(表 4-20)

表 4-20　InfoWindow 控件的主要方法

构造方法：无，通过 Map. infowindow 获取或设置。	
方法	说明
hide	隐藏 InfoWindow
move	移动 InfoWindow 到屏幕指定位置
resize	重新设置 InfoWindow 的大小，以像素作为单位
setContent	设置 InfoWindow 的内容
setFixedAnchor	设置固定的锚点
setTitle	设置 InfoWindow 的标题
show	在指定的位置显示 InfoWindow

(2)属性(表 4-21)

表 4-21 InfoWindow 控件的主要属性

属性	说明
anchor	锚点
coords	锚点的屏幕坐标
fixedAnchor	指定的锚点
isShowing	是否显示

(3)事件(表 4-22)

表 4-22 InfoWindow 控件的主要事件

事件	说明
onHide	当 InfoWindow 不可见的时候发生
onShow	当 InfoWindow 可见的时候发生

4.3.2.5 编辑控件

在前面的介绍中,我们已经知道要素服务可以提供在线编辑的功能,并提供显示要素时所要使用的符号系统,客户端可以对要素服务进行查询以获取要素,并执行适用于服务器的编辑操作。编辑小部件(Editor)是 ESRI 提供的一个高度定制的对象,该对象提供了要素编辑的功能,编辑控件往往不是孤立存在而是和编辑模板、附件编辑控件一起搭配用来完成一个编辑任务,在使用编辑控件的时候一定要给编辑控件设置一个几何服务。使用编辑控件,可以对要素进行删除、分割、更新以及为要素添加和删除附件等。

编辑工具条提供了一个针对要素服务的可编辑图层的一个即拿即用控件,同时该控件还结合 TemplatePicker(编辑模板选择器)、AttachmentEditor、AttributeInspector 3 个控件以及几何服务对要素的图形和属性进行编辑。

(1)主要方法(表 4-23)

表 4-23 编辑控件的主要方法

构造方法:esri. dijit. Editor(params,srcNodeRef) 构造方法在创建一个编辑工具条的时候需要传入关联的地图对象、几何服务和一个用于呈现编辑工具条的 HTML 元素,另外还包括很多可选参数,以下几个为常用的可选参数。 enableUndoRedo:Undo 和 Redo 是否可用。 maxOperations:当 Undo 和 Redo 可用时,指定可操作的最大次数。 toolbarVisible:指定一个图层子集用于图例中显示。 layerInfos:FeatureLayer 的定义信息。 templatePicker:是否指定编辑模板选择器。

续表 4-23

toolbarVisible:编辑工具条是否可见。 toolbarOptions:指定编辑工具条上的一些可用工具,如合并操作、剪切操作等。 undoManager:为 Editor 指定一个撤销管理器实例。 createOptions:当 toolbar 可见的时候可以通过设置 createOperations 来设置 polylineDrawTools 和 polygonDrawTools。 map:为 Editor 指定地图对象。

4.3.2.6　图例控件

Legend 控件用于动态显示全部或者部分图层的标签和符号信息,图例控件支持下面 4 种图层:ArcGISDynamicMapServiceLayer,ArcGISTiledMapServiceLayer,FeatureLayer 和 KMLLayer。

(1)主要方法(表 4-24)

表 4-24　图例控件的主要方法

方法	说明
构造方法:esri.dijit.Legend(params,srcNodeRef) 构造方法在创建一个图例的时候需要传入关联的地图对象和一个用于呈现图例控件的 HTML 元素。另外还包括很多可选参数,以下几个为常用的可选参数。 autoUpdate:当地图的比例尺发生变化或者图层发生变化的时候,图例控件是否自动更新。 respectCurrentMaps:图例控件是否自动更新。 layerInfos:指定一个图层子集用于在图例中显示。 arrangement:指定图例在 HTML 元素中的对齐方式。	
refresh	当在构造函数中用了 layerInfos,用这个方法刷新图例以替换构造函数中的图层。

(2)示例(图 4-17)

```
function Maplegend(){
    var legendPar = {map:Map,
      arranement: esri.dijit.Legend.ALIGN_RIGHT,
      autoUpdate:true
};
      var legendDijit = new esri.dijit.Legend(legendPar,"legendDiv");
      legendDigit.startup();
}
```

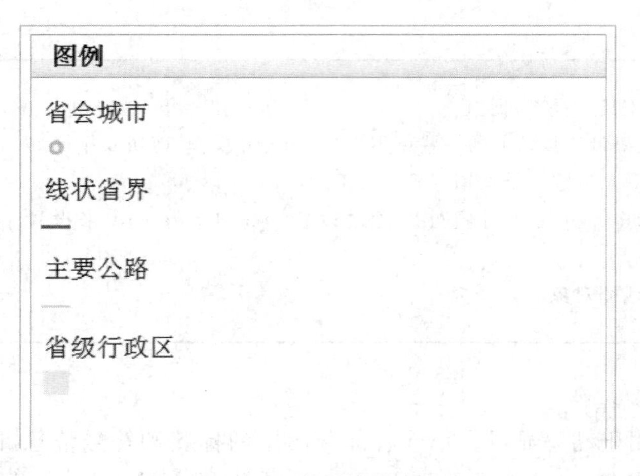

图 4-17　图例控件示例

4.3.2.7　时间滑块控件

从 ArcGIS 10 开始，ESRI 提供了对时态感知图层的支持，该图层中存储了数据集随着时间变化的状态，可用于显示一段时间内数据中的模式和变化趋势，比如美国人口随时间的迁移、土地利用的变化情况等。而 ArcGIS API for Javascript 提供了时间滑块控件，用于在 Web 端对时态感知图层提供支持。在使用时间滑块的时候，需要了解一些名词，如时间范围、时间停靠点等。

(1)名词解释

时间范围：时间范围(Time Extent)是一个时间跨度，表示一个时间周期，在时态 GIS 中表示数据的起始时间到数据的最终时间之间的时间间隔。TimeExtent 有两个常用的属性就是 starttime 和 endtime，用来获取时间范围的起始和终止时间。

时间停靠点：时间停靠点就相当于一个直尺上的刻度，在时间滑块上表现为一条一条的竖线，这些相邻竖线间的间隔就是滑块移动的一个单位时间(图 4-18)。

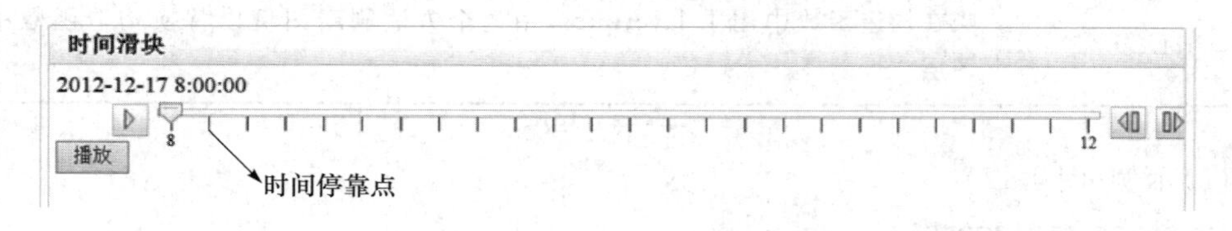

图 4-18　时间停靠点

(2)主要方法(表 4-25)

表 4-25　时间滑块控件的主要方法

构造方法：esri. dijit. TimeSlider(params，srcNodeRef) 构造方法在创建时间滑块控件的时候需要传入 HTML 元素以及一些可选的参数，以下几个为常用的可选参数。 excludeDataAtLeadingThumb：是否在时间范围结束之前减去 1 s。

续表 4-25

excludeDataAtTrailingThumb：是否在时间范围开始之前增加 1 s。 createTimeStopsByCount：通过时间范围和个数定义时间停止位置。 createTimeStopsByTimeInterval：通过时间范围、间隔和间隔单位创建时间停止位置。 getCurrentTimeExtent：获取时间范围。 next：移动到下一个时间。 pause：暂停。 play：播放。 previous：移动到前一个时间。 setLoop：设置是否循环。 setThumbCount：设置要显示的小图片数量。 setThumbMovingRate：设置播放速率。 setTickCount：设置时间滑块控件上的节拍数目。 setTimeStops：通过一组时间手工定义时间停止位置。

(3)属性(表 4-26)

表 4-26　时间滑块控件的属性

属性	说明
loop	是否循环
playing	缺省值为 false
thumbCount	缺省值为 1
thumbMovingRate	播放速率
timeStops	一系列时间数组，表示时间滑块空间停止的标识

(4)事件(表 4-27)

表 4-27　时间滑块控件的主要事件

事件	说明
onTimeExtentChange	时间范围变化的时候发生

(5)示例(图 4-19)

```
functionSetSlider(){
        //时间滑块创建和设置
        timeSlider = new esri.dijit.TimeSlider({
        style:"width: 800px;",
        id:"timeSlider"
```

```
},dojo.byId("timeslider"));
        timeSlider.setThumbCount(1);
        timeExtent = imageLayer.timeInfo.timeExtent;
        timeSlider.createTimeStopsByTimeInterval(timeExtent,10,'esriTimeUnitsMi-
nutes');
        timeSlider.setThumbMovingRate(2000);
        timeSlider.singleThumbAsTimeInstant(true);
        //设置 Tick 的标签
        var labels = dojo.map(timeS1ider.timeStops,function(timeStop,i) {
        if (i == 0){
            return timeStop.getUTCHours0();
        }
        elseif (i == timeSlider.timeStops.length - 1) {
                return timeStop.getUTCHours();
            }
            else{
                return"";
    }
});
      timeSlider.setLabels(labels);
      timeSlider.Startup();
      Map.setTimeSlider(timeSlider);

}
```


图 4-19 时间滑块控件示例

4.4 发布服务

4.4.1 发布切片地图服务

(1)选择菜单→ArcGIS→ArcCatalog 10.2,点击“GIS 服务器”选项,双击“添加 Arc-

GIS Server”，在“添加 ArcGIS Server”窗口中，选择“发布 GIS 服务”，然后单击“下一步”。见图 4-20。

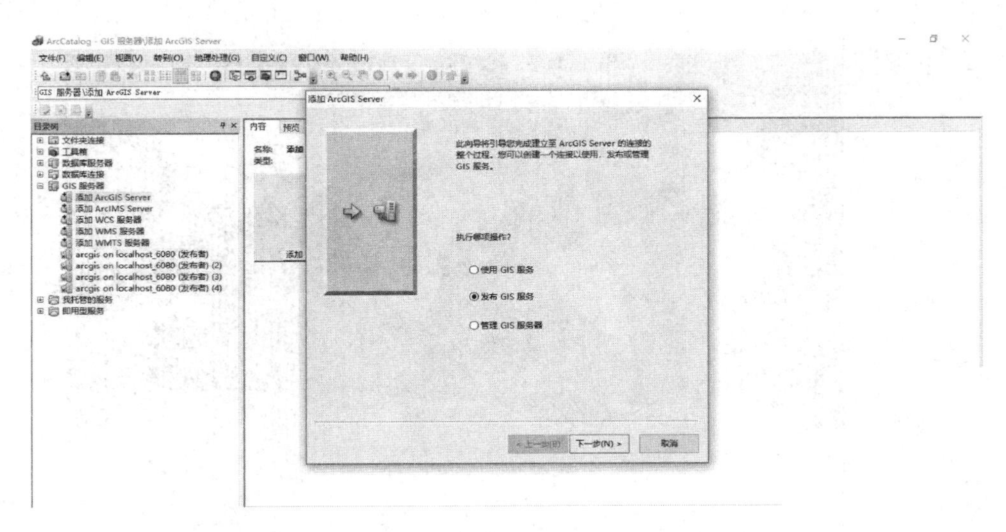

图 4-20　添加 ArcGIS Server

(2)对于服务器 URL，输入要连接的 ArcGIS Server 站点的 URL，即 http://localhost:6080/arcgis。见图 4-21。

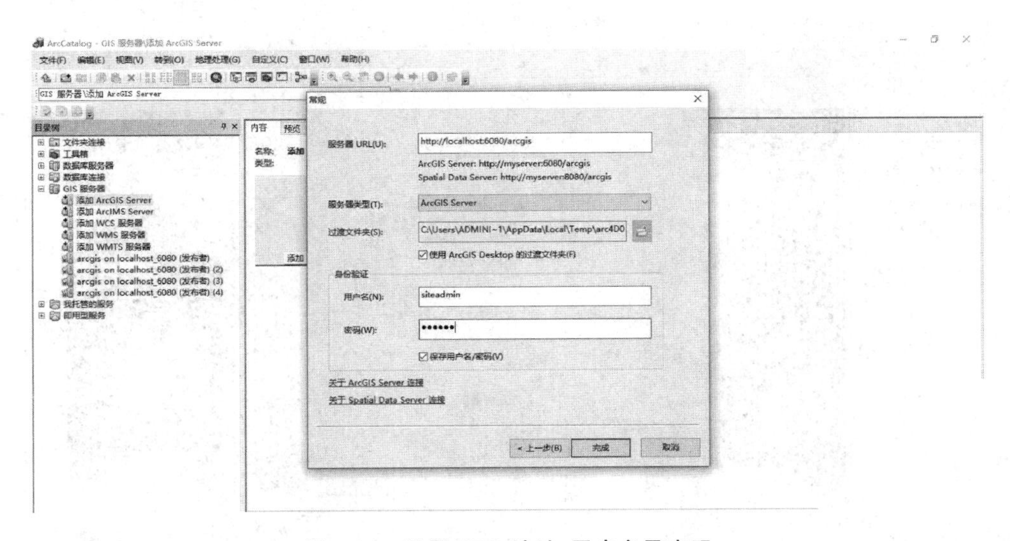

图 4-21　设置 URL 地址、用户名及密码

注：用户名、密码为初始设置的登录 ArcGIS Server 服务器的账号、密码。

(3)打开 ArcGIS 软件，点击“文件”→“打开”，选择所要上传的地图文件 World.mxd，地图显示如图 4-22 所示。

(4)点击“文件”→“共享为”→“服务”，在“共享为服务”窗口中，选择“发布服务”，单击“下一步”。见图 4-23。

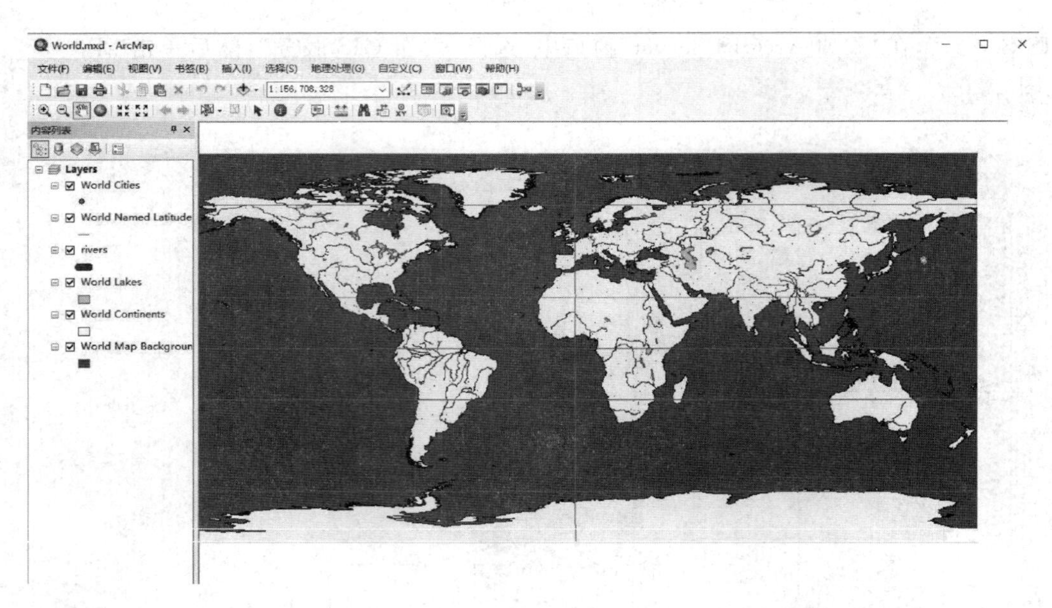

图 4-22　地图文档的选择

注：该服务有 6 个图层，分别为 World Cities、World Named Latitude、rivers、World Lakes、World Continents、World Map Background。

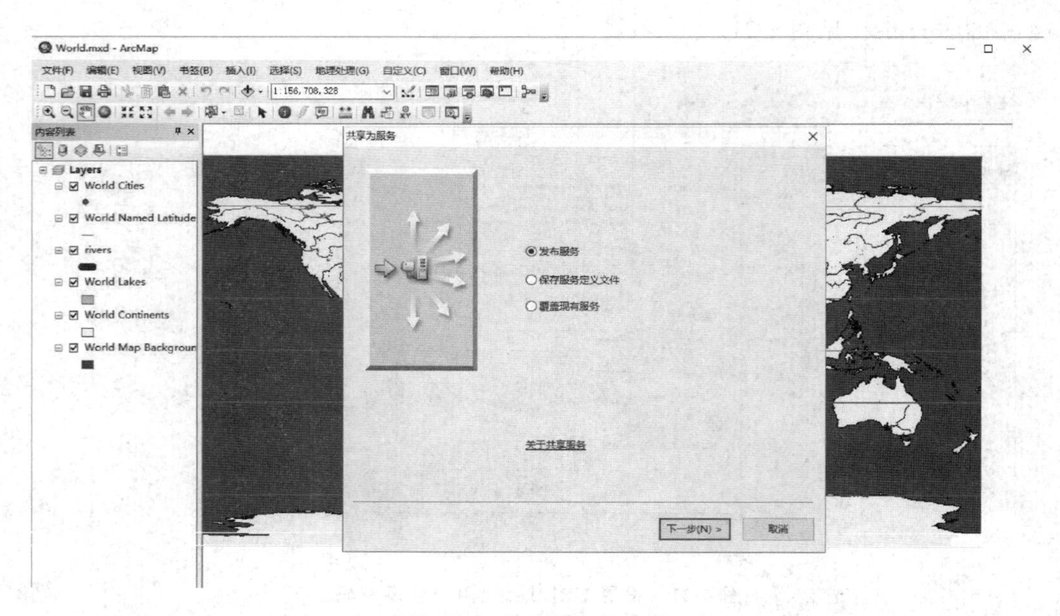

图 4-23　发布服务的选择

(5)选择此前新建的 ArcGIS Server 服务器链接"arcgis on localhost_6080(发布者)"，发布的地图服务名称为 World666，点击"下一步"，使用现有文件夹，即先前建立的根文件夹，然后单击"继续"，弹出"服务编辑器"对话框，选择"使用缓存中的切片"，切片方案选择"建议"，设置比例级别为 5，点击"确定"。见图 4-24 和图 4-25。

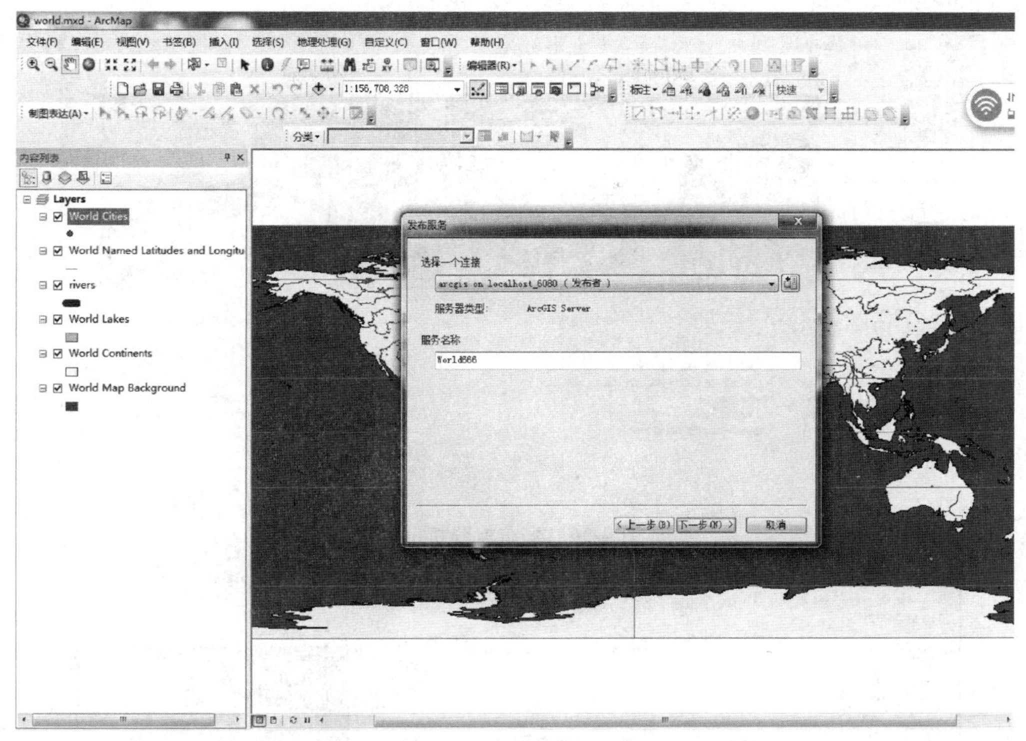

图 4-24　选择发布链接并命名

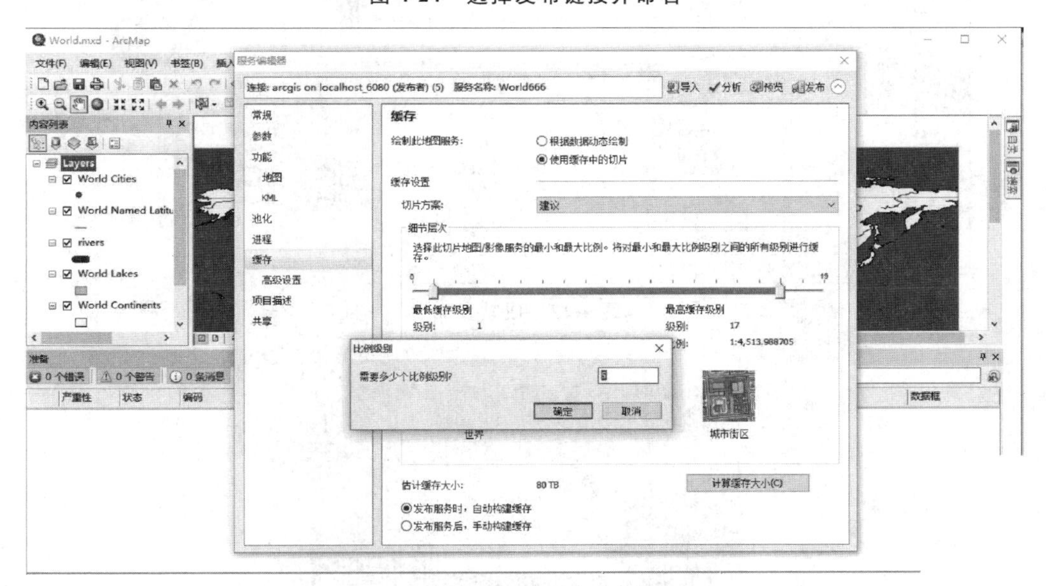

图 4-25　设置比例级别

注:设置 5 个级别,可以看到缓存的大小是小于 5 M,当设置的级别越多时,缓存的大小基本成几何倍数增长。

(6)点击“分析”查看是否存在错误,若无错误则可直接发布。见图 4-26 和图 4-27。

(7)查看网页上发布的地图,点击菜单→ArcGIS→Manager,登录然后点击 World666 视图,可以看到发布的地图。见图 4-28 至图 4-30。

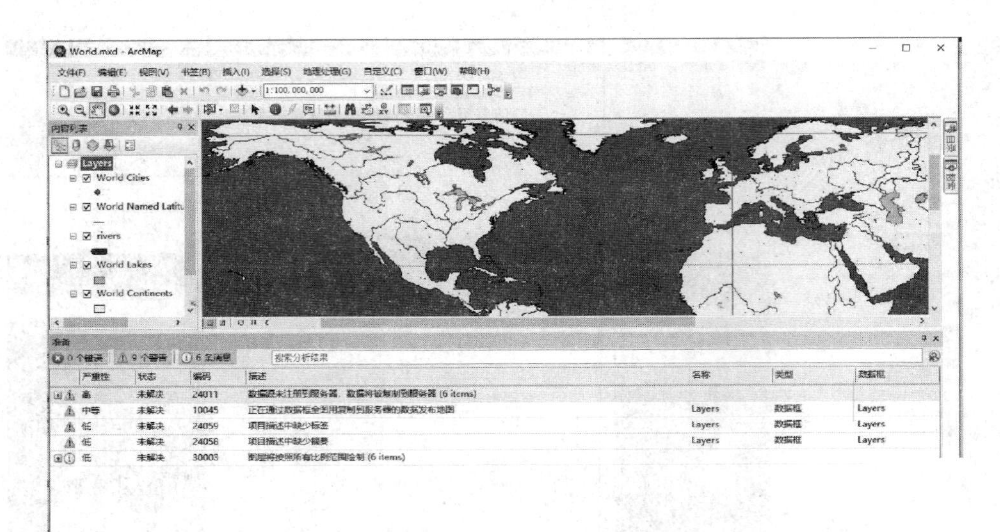

图 4-26　发布前分析(1)

图 4-27　成功发布

图 4-28　登录 Web 查看

注:用户名、密码为登录 ArcGIS Server 服务器的账号、密码。

图 4-29　成功登录的界面

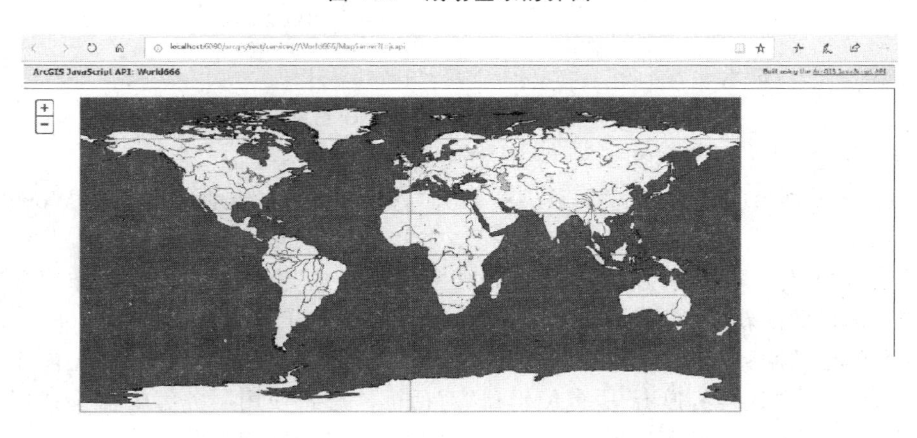

图 4-30　查看所发布地图

4.4.2　发布 WMS 服务

（1）选择菜单→ArcGIS→ArcCatalog 10.2，点击“GIS 服务器”选项，双击“添加 ArcGIS Server”，在“添加 ArcGIS Server”窗口中，选择“发布 GIS 服务”，然后单击“下一步”；对于服务器 URL，输入要连接的 ArcGIS Server 站点的 URL，即 http://localhost:6080/arcgis。见图 4-31 和图 4-32。

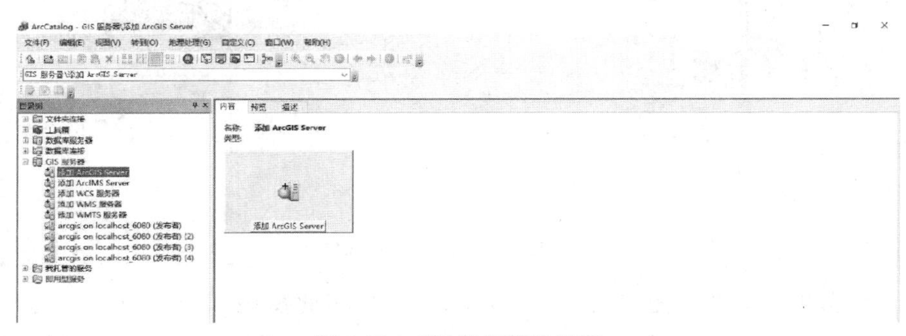

图 4-31　GIS 服务器的展开

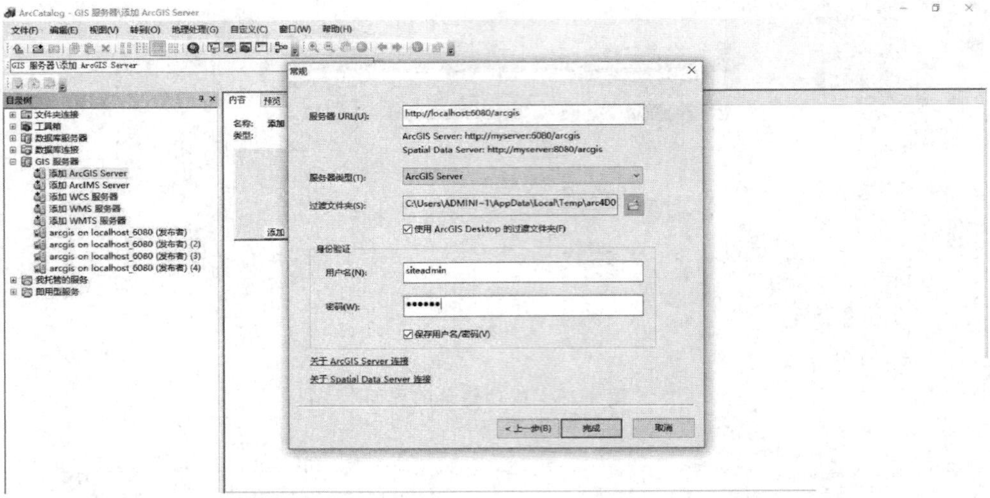

图 4-32　添加 ArcGIS Server 链接

注:用户名、密码为初始设置的登录 ArcGIS Server 服务器的账号、密码。

(2)打开 ArcGIS 软件,点击“文件”→“打开”,选择所要上传的地图文件 World. mxd,见图 4-22。

(3)点击“文件”→“共享为”→“服务”,在“共享为服务”窗口中,选择“发布服务”,单击“下一步”,选择此前新建的 ArcGIS Server 服务器链接“arcgis on localhost_6080(发布者)(6)”,发布的地图服务名称为 World11,点击“下一步”,使用现有文件夹,即先前建立的根文件夹,然后单击“继续”,弹出“服务编辑器”对话框。您将使用服务编辑器选择用户可对 WMS 服务执行的操作,还可对服务器显示服务的方式进行精细控制。

(4)单击“功能”选项卡,默认情况下,“地图”和 KML 两项功能自动启用,钩选 WMS。见图 4-33。

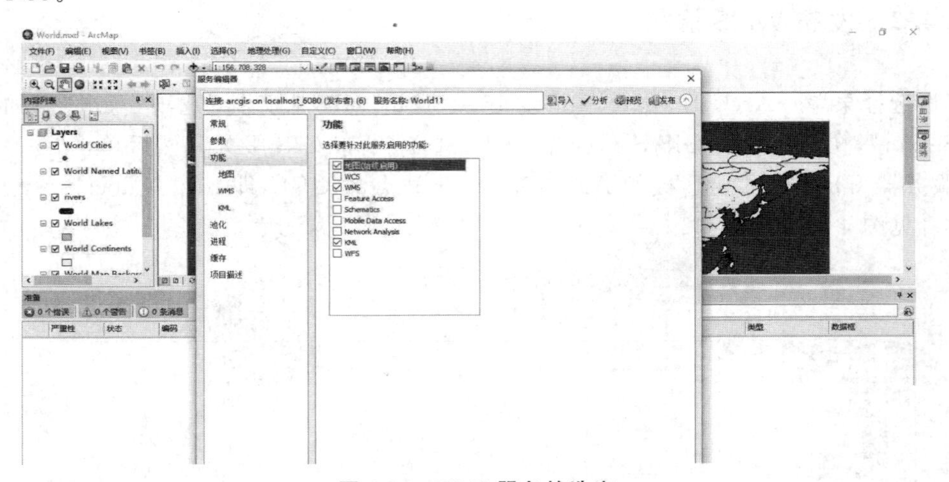

图 4-33　WMS 服务的选定

(5)在服务编辑器的左侧窗格中,单击 WMS。使用此窗格可选择如何配置 WMS 服务的属性。通过配置 WMS 服务属性,用户可对服务发布程序有更好的了解(图 4-34)。

① URL 字段显示客户端用来访问 WMS 服务的 URL。

② 如果要使用系统生成的服务能力文件夹来发布 WMS 服务，请使用默认的“在下面输入服务属性”选项。“名称”“标题”和“在线资源”字段会自动填充，不应对其进行修改。也可使用列表中的字段填充其他属性。

③ 如果要配置 WMS 服务使用外部能力文件，则选择“使用外部功能文件”。要使用此选项，您必须已创建 WMS 能力文件。

④ 要反映 WMS 服务地图文档中各图层的名称，请选择“使用地图文档中的图层名称”。

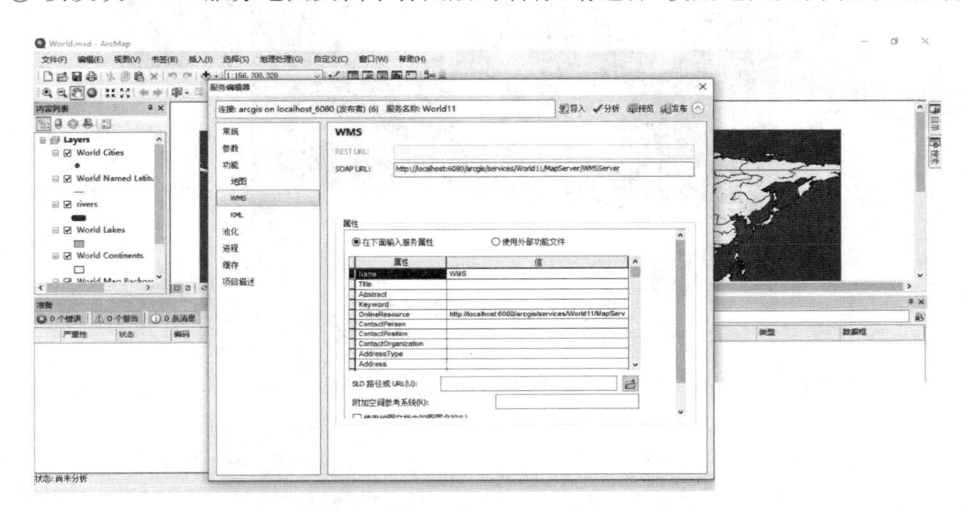

图 4-34　配置 WMS 服务属性

注：复制并保存 WMS 服务的 URL。您需要用这个 URL 来执行本教材中的其他步骤。

http://localhost:6080/arcgis/services/World11/MapServer/WMSServer　即 WMS 服务的 URL 地址。

(6)单击“分析”。该操作用于对地图文档进行检查，看其是否能够作为 WMS 服务发布到服务器。将地图发布为 WMS 服务之前，必须修复窗口中的所有错误，另外还可以修复警告和通知消息，以进一步完善服务的性能和显示。见图 4-35。

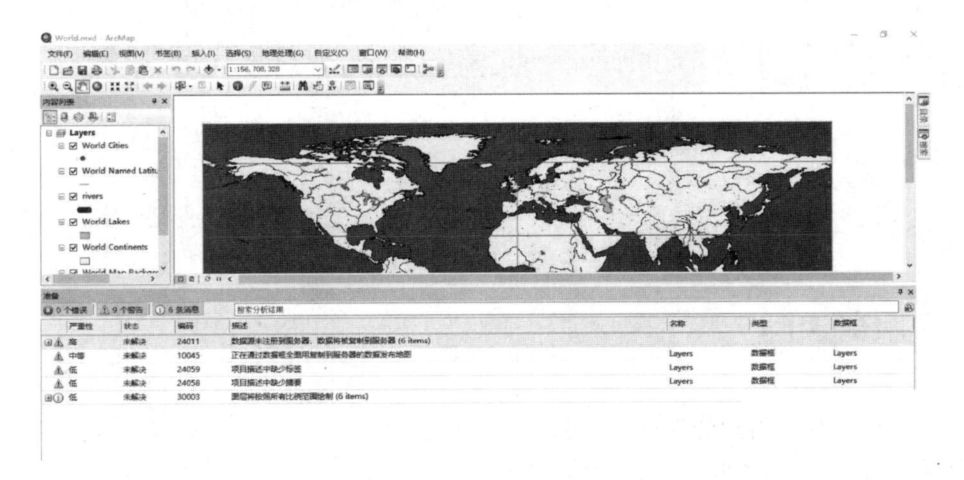

图 4-35　发布前分析(2)

(7)在服务编辑器中,单击“预览”,能够了解在 Web 上查看地图时的外观(图 4-36)。

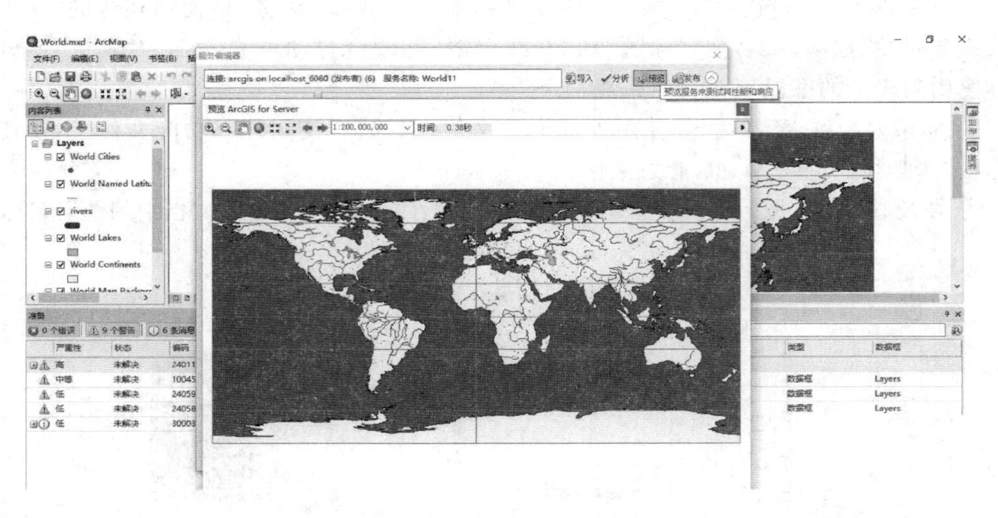

图 4-36　WMS 服务的预览

(8)错误修复完毕,点击“发布”,即可成功发布(图 4-37)。

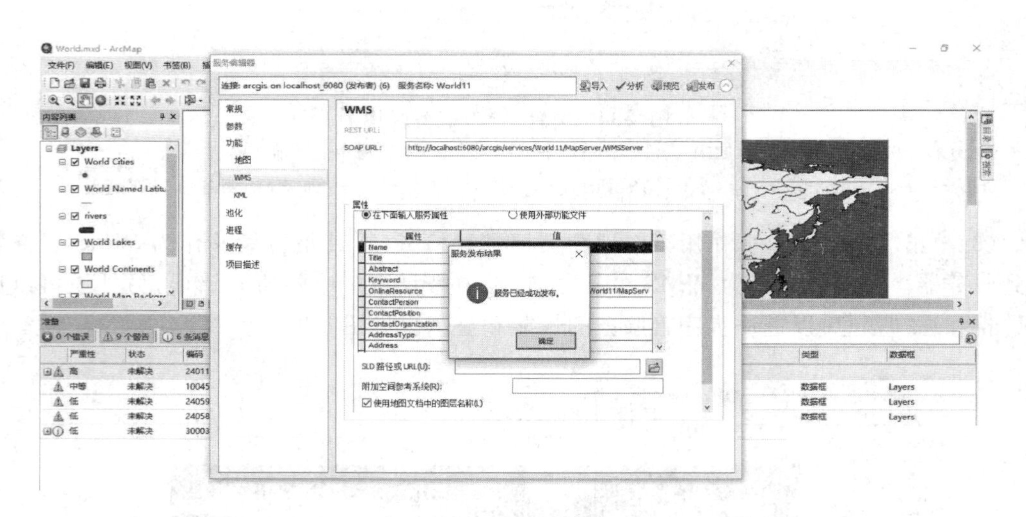

图 4-37　成功发布

4.5　服务访问

4.3 节对开发中用到的地图、图层以及控件等概念做了介绍,了解概念能让我们更好地去认识和使用,了解对象拥有的方法、属性,在开发的时候就可以去控制对象的行为,但是应该清楚,对象所拥有的方法和属性不仅仅是上面罗列出来的,更多的可以参看ESRI提供的ArcGIS API for Javascrip的帮助。

4.5.1 预备知识

ArcGIS API for Javascript是基于dojo框架的,在开发的过程中会使用dojo或者dijit的一些函数协作,有必要将一些常用的函数介绍一下。

(1)dojo.require dojo包的核心函数,加载除了dojo.js以外的其他功能包。格式如下:

```
//加载esri/map.js
dojo.require("esri.map");
```

(2)dojo.addOnLoad 页面加载完毕后调用的函数,用法如下:

```
    dojo.addOnLoad(function()
    {
var MyMap = new esri.Map("MyMapDiv");
var MyTiledMapServiceLayer = new esri.layers.ArcGISTiledMapServiceLayer("http:
//www.arcgisonline.cn/ArcGIS/rest/services/ChinaOnlineCommunity/MapServer");
MyMap.addLayer(MyTiledMapServiceLayer);
});
```

一般在页面加载完毕后执行如下自定义的语句:

```
Var featureLayer = new esri.layers.FeatureLayer
("http://localhost:6080/arcgis/rest/services/JsMap/MapServer/5",
{mode:FeatureLayer.MODE_ONDEMAND,infoTemplate:infoTemplate,outFields:[" * "]});
var init = function()
{
  var MyMap = new esri.Map("MyMapDiv");
  var MyTiledMapServiceLayer = new esri.layers.ArcGISTiledMapServiceLayer
("http://www.arcgisonline.cn/ArcGIS/rest/services/ChinaOnlineCommunity/MapServer");
  MyMap.addLayer(MyTiledMapServiceLayer);
};
dojo.addOnLoad(init);
```

(3)dojo.byId和dijit.byId dojo.byId的作用和document.getElementsById相同,但是简化了很多。用法如下:

```
  dojo.addonload(function(){
  Var mymap = dojo.byld("map");
});
```

dojo.byId是针对Dom节点元素的,dijit是针对dojo的控件,每个控件都会有唯一的ID,dijit.byId可以通过ID返回控件对象。

(4)dojo. create　dojo. create 用来创建一个 DOM 对象，并设置一些列操作，原型为 dojo. create(tag，attrs，refNode，pos)。

tag 可以是字符串或 DOM 节点。如果是字符串，函数会将其视作节点的标签名，以此来新建节点。建立节点时，会以 refNode 作为父节点。如果 refNode 为 null 或并未指定，则默认以 dojo. doc 作为父节点。

attrs 是一个 Javascript 对象，其中包含了用以赋予节点的一组属性信息。该参数会在节点创建成功后被原封不动地传给 dojo. attrattrs 参数，可以是 null，也可以不指定，亦即“不设置任何属性”，但是假如你想指定函数余下的传入参数，则应该为其显式指定 null 值。

refNode，如之前提到的，作为创建节点的父节点对象，该参数为 DOM 节点对象或节点的 ID。此参数可以省略，即表示“不立即安置该节点”。

pos 为可选参数。取值可以是数字，或如下字符串之一：before、after、replace、only、first 或 last。如果省略，则默认取 last。该参数表示安置创建的节点到给定的位置上。

```
dojo.create("div",{id:"mapbtm"});
```

(5)dojo. query　返回 DOM 节点的列表，以 css 选择器来实现。用法如下：


```
    dojo.addonload(function{
    dojo.query(".bluebutton").foreach(function(node,index,arr){
    });
});
```

(6)dojo. connect　dojo. connect 用于为指定的元素添加事件，比如当地图发生 onload 事件的时候，调用 mapload 函数。

```
dojo.connect(map,'onload',mapload);
var mapload = function{
    map.centerat(esri.geometry.point(116,34));
};
```

(7)dojo. foreach　dojo. foreach 遍历数组里的每一个数值，相当于 Javascript 中的

```
for (var i in geometries){
    alert(geometries[i]);
}
```

用 dojo. foreach 则可以这样写：

```
dojo.foreach(geometries,
            function(element,index){
                var graphic = new esri.graphic(element,polygonsymbol);
            });
```

(8)dojo. hasClass 用于判断给定的 DOM 节点是否有指定的 CSS class。

(9)dojo. addClass 用于为给定的 DOM 节点增加指定的 CSS class。

4.5.2 地图服务加载

动态地图服务由 ArcGISDynamicMapServiceLayer 承载，可用于访问 ArcGIS Server REST API 提供的动态地图服务资源，动态地图服务实时生成地图图片。

(1)动态 2D 地图服务主要方法(表 4-28)

表 4-28 动态 2D 地图服务主要方法

方法	说明
createDynamicLayerInfosFromLayerInfos	根据当前的一组 LayerInfos 创建一组 DynamicLayerInfos based
exportMapImage	导出地图
setDPI	设置导出地图的 DPI，默认是 96
setDisableClientCaching	设置客户端是否缓存
setDynamicLayerInfos	设置一组 DynamicLayerInfos 用来改变服务的图层顺序
setImageFormat	设置图片的格式
setLayerDefinitions	设置图层的过滤条件，用于过滤图层中的要素
setLayerDrawingOptions	设置 LayerDrawingOptions，用来覆盖 Layer 的绘制
setScaleRange	设置比例范围
setVisibleLayers	设置图层的可见性

(2)主要属性(表 4-29)

表 4-29 动态 2D 地图服务主要属性

属性	说明
capabilities	获取地图的能力，比如 Map、Query 或者 Data
disableClientCaching	是否启用客户端缓存
dpi	设置输出图片的 dpi
dynamicLayerInfos	获取一组 DynamicLayerInfos，DynamicLayerInfos 用来改变服务中图层的顺序
imageFormat	获取 ArcGISDynamicServiceLayer 生成的图片格式
imageTransparency	动态图片的背景是否透明
layerDefinitions	为服务中的每个图层设置过滤信息
layerDrawingOptions	图层绘制任选项数组，主要用来设置图层绘制的方法
layerInfos	获取服务中的图层以及它们默认的可见性

续表 4-29

属性	说明
maxImageHeight	导出图片的最大高度
maxImageWidgth	导出图片的最大宽度
maxRecordcount	返回查询的最大记录数
maxScale	2D 动态服务的最大比例尺
minScale	2D 动态服务的最小比例尺
visibleAtMapScale	是否在当前地图比例尺中可见
visibleLayers	获取可见图层

(3)动态 2D 地图服务加载示例

```
<! doctype html>
<html>
<head>
    <meta charset = "utf-8">
    <title>二三维一体化综合平台</title>
    < link href = " css/main. css" rel = " stylesheet" type = " text/css" />
<! --引用主页面样式-- >
    <link rel = "stylesheet" type = "text/css" href = "http:// localhost /arc-
gis_js_api/" />
  <link rel = "stylesheet" type = "text/css" href = "http:// localhost
/arcgis_js_api/library/3. 23/3. 23/esri/css/esri. css" />

  <script type = "text/javascript" src = "http:// localhost /arcgis_js_api/li-
brary/3. 23/3. 23/init. js"></script>
  <script type = "text/javascript" src = "http:// localhost /arcgis_js_api/li-
brary/3. 23/3. 23/dojo/dojo. js"></script>

  <link rel = "stylesheet" type = "text/css" href = "css/normalize. css" />
  <link rel = "stylesheet" type = "text/css" href = "css/htmleaf-demo. css">
  <! --<link rel = "stylesheet"
href = "http://code. ionicframework. com/ionicons/2. 0. 1/css/ionicons. min. css">
   <link href = ' http://fonts. googleapis. com/css? family = Raleway: 100, 200,
300,400' rel ='stylesheet' type ='text/css'> -- >
   <script type = "text/javascript" src = "/js/jquery - 1. 12. 4. js"></script>
```

```
    <script type = "text/javascript" src = "/js/jquery.min.js"></script>
    <!-- <script src = "dist/lib/modernizr.touch.js"></script> -->
    <link href = "css/index.css" rel = "stylesheet">
    <link href = "dist/mfb.css" rel = "stylesheet">
    <style type = "text/css">
        .esri-ui-manual-container.esri-component {
            height: 0px;
        }

        .esri-attribution-powered-by {
            height: 0px;
        }

        .esri-ui-corner .esri-widget {
            display: none;
        }
    </style>

</head>
<body>
    <style>
        #viewDiv {
            padding: 0;
            margin: 0;
            height: 100%;
            width: 100%;
        }

        .rightiframe {
            border-style: solid;
            border-color: mintcream;
            border-width: 5px;
        }
    </style>

<div>
        <input id = "showHideRightPanel" class = "showHideRightPanelChk" type = "
```

```
checkbox">
        <!-- 顶部布局 -->
        <!-- <div class = "topPanel">
            <div></div>
        </div> -->
        <!-- 中间布局 -->
        <div class = "contentPanel">
            <div id = "viewDiv" style = "height:100 % ;width:100 % "> </div>
        </div>

        <div class = "splitPanel">
            <label for = "showHideRightPanel" class = "splitMark"></label>
            <label for = "showHideRightPanel" class = "splitBorder"></label>
        </div>
        <!-- 右侧布局 -->

    </div>

    <script>
        var navToolbar;
        var draw;
        var point;
        var SimpleMarkerSymbol;
        require([
            "esri/map",
            "dojo/on",
            "dojo/dom",
            "esri/layers/ArcGISTiledMapServiceLayer",
            "dojo/query","esri/toolbars/navigation",
            "esri/toolbars/draw",
            "esri/symbols/SimpleMarkerSymbol",
            "esri/graphic",
            "dojo/parser","dijit/registry",
            "dijit/layout/BorderContainer",
            "dijit/layout/ContentPane",
            "dijit/form/Button","dijit/WidgetSet",
            "dojo/domReady"
```

```
        ],
            function(Map,on,dom,
                ArcGISTiledMapServiceLayer,query,Navigation,Draw,SimpleMark-
erSymbol,Graphic){
                var map = new Map("viewDiv",{
                    logo:false,
                    slider:false
                });

                draw  = new Draw(map);
                //定义图形样式
                draw.markerSymbol = new SimpleMarkerSymbol();
                //draw.lineSymbol = new SimpleLineSymbol();
                //draw.fillSymbol = new SimpleFillSymbol();
                debugger;
                var layer = new ArcGISTiledMapServiceLayer
                   ("http://localhost:6080/arcgis/rest/services//Worlddddd/
                   MapServer");
                map.addLayer(layer);
                //var layer1 = new ArcGISTiledMapServiceLayer
                //("http://localhost:6080/arcgis/rest/services/wworld/MapServer");
                //map.addLayer(layer1);

                ///添加点线面
                draw.on("draw-complete",drawEndEvent);
                function drawEndEvent(evt) {
                    //添加图形到地图
                    var symbol = new SimpleMarkerSymbol({
                        "color": [95,88,224,100],
                        "size": 16,
                        "angle": 0,
                        "xoffset": 0,
                        "yoffset": 0,
                        "type": "esriSMS",
                        "style": "esriSMSCircle",
                        "outline": {
                            "color": [0,0,0,255],
```

```
                    "width": 1,
                    "type": "esriSLS",
                    "style": "esriSLSSolid"
                }
            });
            //var symbol;
            //if (evt.geometry.type === "point" || evt.geometry.type
              === "multipoint") {
            //      symbol = draw.markerSymbol;
            //} else if (evt.geometry.type === "line" || evt.geome-
                try.type === "polyline") {
            //      symbol = draw.lineSymbol;
            //}
            //else {
            //      symbol = draw.fillSymbol;
            //}
            map.graphics.add(new Graphic(evt.geometry,symbol));
        }
        //创建地图操作对象
        navToolbar = new Navigation(map);
        point = Draw.POINT;
      });
    function zoomout() {
        draw.activate(point);//激活对应的绘制工具
    }
  </script>
</body>
</html>
```


运行 Visual Studio 后，可以看到如图 4-38 所示的效果。

4.5.3 影像服务加载

4.5.3.1 影像服务

ArcGIS 影像服务是 ArcGIS for Server 在 9.3 版本中增加的一种服务类型，ArcGIS 服务使得可以通过 Web 提供对栅格(及影像)数据和相关功能的访问，使影像能够被 Web 和其他客户端应用获取。包括单景影像和多景影像。可以作为栅格数据集或作为栅格目录动态处理。ArcGIS 10.1 for Server 还带来一个让人期盼很久的功能，影像切片功能。

ArcGIS 影像服务的数据源可以是栅格数据集(来自磁盘上的地理数据库或文件)、镶嵌数据集或者引用栅格数据集或镶嵌数据集的图层文件,支持 50 多种常用影像格式,同时可以支持自定义的影像格式。

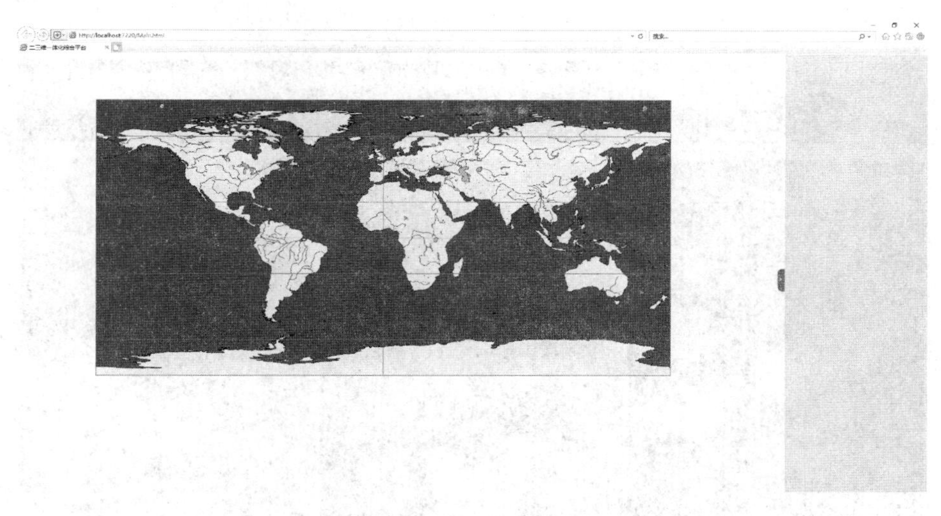

图 4-38　效果图

镶嵌数据集(Mosaic Dataset)是 ArcGIS 10 推出的管理栅格数据的影像新技术。它是一项由栅格数据集和栅格目录相结合的混合技术,采用与非托管的栅格目录相一致的方法管理栅格数据。因此,可以对数据集进行索引,并且可对集合执行查询。它的存储方式和栅格目录类似,在使用过程中和普通栅格数据集相同。镶嵌数据集用于管理和发布海量多分辨率、多传感器影像,对栅格数据提供了动态镶嵌和实时处理的功能。其最大优势是具有高级栅格查询功能及实时处理函数功能,并可用作提供影像服务的源。

4.5.3.2　ArcGIS 影像服务可以做什么

ArcGIS 影像服务使用动态镶嵌和在线处理技术,客户端不仅可以快速访问影像,还能对其元数据进行查询,处理影像数据。下面是更详细的功能:

- 快速显示(动态服务、缓存服务)
- 数据输出:像素值、原始数据和处理后的数据
- 动态镶嵌和影像目录
- 动态影像处理:服务器端栅格函数
- 影像量测(2D、3D)
- 影像服务编辑(增加、删除、更新)
- 影像服务高速缓存
- 结合时间滑块,可以实现展示不同时期影像的变化

除此之外,ArcGIS 的影像服务不仅能完成 TB 至 PB 级的海量影像数据的访问,百万级别的数据查询和检索;能实现对企业级影像的管理和应用,满足在线业务的影像更新、统计、下载、共享和业务应用。影像切片服务为用户提供了即拿即用的服务,能快速

地显示影像，适合公众用户作为底图使用。影像动态服务则提供了专业的分析和处理能力。

图 4-39 是使用 ArcGIS 影像服务发布的 1975—2010 年 30 多年的 Landsat 卫星影像服务（地址：http://www.esri.com/landsat-imagery/index.html）。

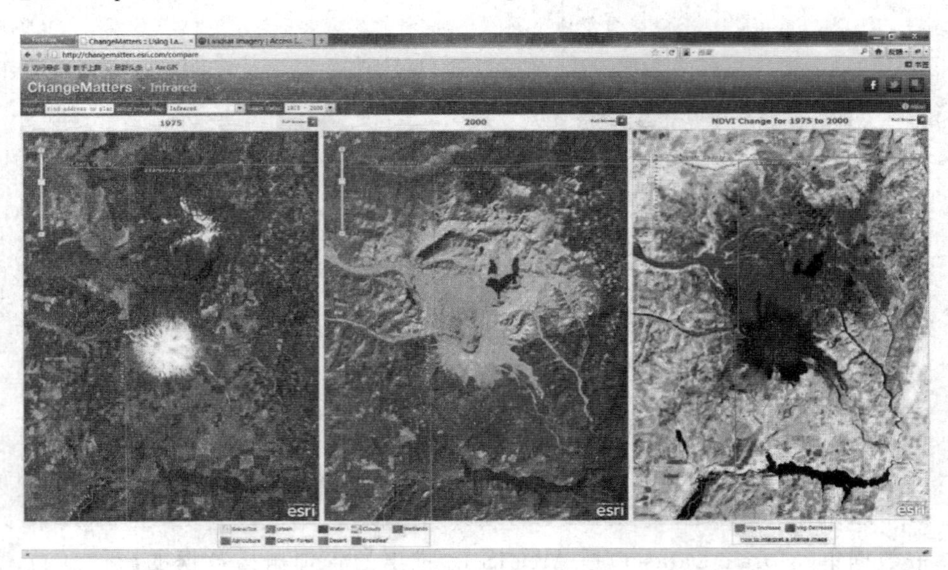

图 4-39 Landsat 服务展示图

4.5.3.3 ArcGISImageServiceLayer 介绍

ArcGIS API for Javascipt 提供的 ArcGISImageServiceLayer 对应的就是 ArcGIS for Server 发布的影像服务，ArcGISImageServiceLayer 允许使用 ArcGIS Server REST API 提供的影像服务资源，ArcGISImageServiceLayer 的主要方法和属性见表 4-30 和表 4-31。

(1) ArcGISImageServiceLayer 主要方法

表 4-30 ArcGISImageServiceLayer 的主要方法

方法	说明
exportMapImage	导出图片
setBandIds	设置影像服务 R、G、B 对应的波段
setCompressionQuality	设置压缩比，只对 JPG 格式有效
setDisableClientCaching	是否允许客户端缓存
setImageFormat	设置影像格式
setInterpolation	设置内插方式
setMosaicRule	设置镶嵌规则
setRenderingRule	设置渲染规则

(2)ArcGISImageServiceLayer 主要属性

表 4-31　ArcGISImageServiceLayer 的主要属性

属性	说明
bandCount	获取波段个数
bandIds	获取波段的 ID
compressionQuality	设置图片的压缩率,只对 JPG 格式有效
format	输出图片的类型
interpolation	获取内插方法
maxImageHeight	最大图片的高度
maxImageWidgth	最大图片的宽度
maxRecordCount	返回查询的最大记录
mosaicRule	指定镶嵌规则
pixelSizeX	X 方向的像素大小
pixelSizeY	Y 方向的像素大小
pixelType	获取服务的像素类型
renderingRule	指定渲染规则
timeInfo	当操作支持时态 GIS 时,可以获取时间信息

4.5.3.4　影像服务动态处理

ArcGIS 的影像服务在 Web 端的动态处理功能离不开镶嵌规则和渲染规则,镶嵌规则和渲染规则使影像服务具备了动态处理的能力。

(1)mosaicRule　镶嵌规则定义镶嵌数据集中的单个影像如何显示。可用于指定选择集、镶嵌方法、排序方式以及覆盖像素分辨率等等。MosaicRule 类的成员见表 4-32。

表 4-32　MosaicRule 类的成员

属性	说明
ascending	获取或设置一个值,指示 MosaicRule 是否为升序
objectIds	获取或设置要显示的 raster ids
lockRasterIds	获取或设置要锁定的 raster ids
method	获取或设置镶嵌方法
operation	获取或设置镶嵌操作
sortField	获取或设置排序字段
sortValue	获取或设置排序值
viewpoint	获取或设置视点
where	获取或设置过滤条件

(2)renderingRule renderingRule 为 ArcGISImageServiceLayer 指定渲染规则，指定其中的影像如何渲染。影像服务的 exportImage 函数支持在导出图片的时候将 RenderingRule 作为参数。RenderingRule 类只能在 ArcGIS Sever 10.0 及之后的版本发布的服务中使用。其中定义的属性如表 4-33 所示。

表 4-33 RenderingRule 类的成员

属性	说明
rasterFunctionArguments	设置栅格函数的参数
rasterFunctionName	设置栅格函数的名称
variableName	设置变量名称

在定义 RenderingRule 对象实例时，每个栅格函数(表 4-34)都要求不同的参数，都要求设置 RenderingRule. RasterFunctionName 属性，除了 Aspect，其他的栅格函数还要求设置 RenderingRule. RasterFunctionArguments 和 RenderingRule. VariableName 属性。创建 RenderingRule 对象时需要格外注意，所有的输入参数都采用 JSON 格式的对象，具体用法可以参阅：http://help. arcgis. com/EN/arcgisserver/10. 0/apis/rest/israsterfunctions. html。

表 4-34 栅格函数

栅格函数	说明
Aspect	计算生成坡向图
Colormap	生成颜色带图
Hillshade	计算生成山影图
NDVI	计算生成归一化植被指数图
ShadedRelief	生成地貌晕渲图
Slope	计算生成坡度图
Statistics	计算栅格统计值
Stretch	对影像进行拉伸增强

4.5.4 OpenStreetMap 地图服务

OpenStreetMap(简称 OSM)是一个网上地图协作计划，目标是创造一个内容自由且能让所有人编辑的世界地图。ArcGIS API for Javascript 提供了 OpenStreetMapLayer 类用来支持 OSM 地图服务。下面的示例用于说明如何访问 OSM 地图服务，OSM 地图效果如图 4-40 所示。

```
Map = new esri.Map("mymap",{
    Center:[-89.924,30.036],
```

```
    Zoom:12,
    Logo:false
});
Osmlayer = new esri.layers.openstreetmaplayer();
Map.addlayer(Osmlayer);
```

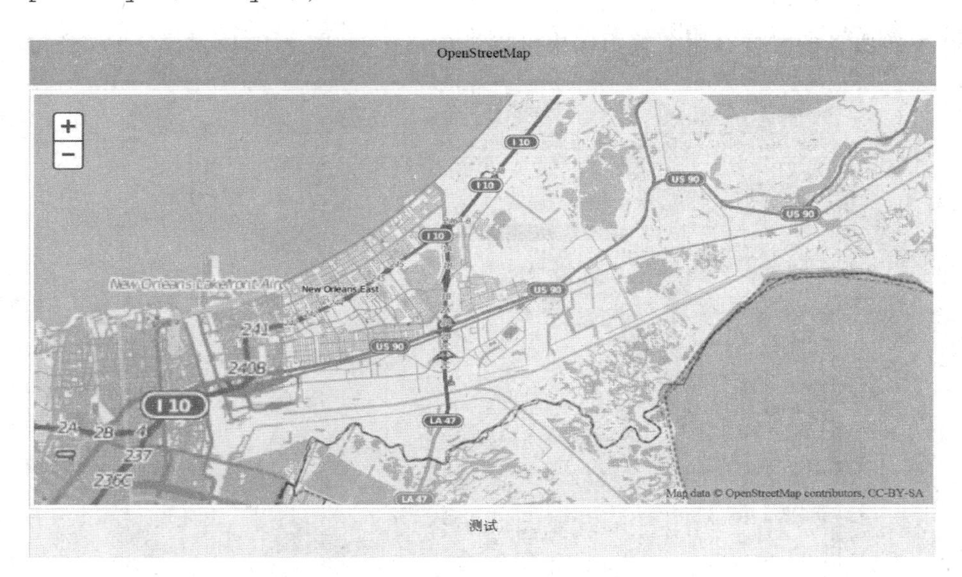

图 4-40　OSM 地图效果

4.5.5　OGC标准服务

OGC(Open Geospatial Consortium,开放地理信息联盟),是一个非盈利的国际标准组织,引领着空间地理信息标准及定位基本服务的发展。在空间数据互操作领域,基于公共接口访问模式的互操作方法是一种基本的操作方法。

ESRI是OGC的18个首席会员之一,是OGC标准的主要作者,参与所有的委员会和主要的OGC项目,也是第一家成功完成OGC标准测试的产品供应商。OGC的服务标准分别有WCS、WFC、WMS、WMTS和WPS,对于这些服务,ArcGIS全部支持,支持的对应情况如表4-35所示,OGC服务和ArcGIS API for Javascript提供的图层之间的对应关系如表4-36所示。

表 4-35　OGC服务和ArcGIS for Server服务对应关系

	WCS	WFS	WMS	WMTS	WPS
Map Service	√	√	√	√	
Geodata service	√	√			
Image services	√		√	√	
Geoprocessing services					√

注:"√"表示支持。

表 4-36 OGC 服务和 ArcGIS API for Javascript 提供的图层对应关系

服务	图层
WMS	WMSLayer(使用 setVisibility 方法决定显示哪个)
WMTS	WMTSLayer

在发布服务的时候在服务编辑器中可以进行选择,如图 4-41 所示。

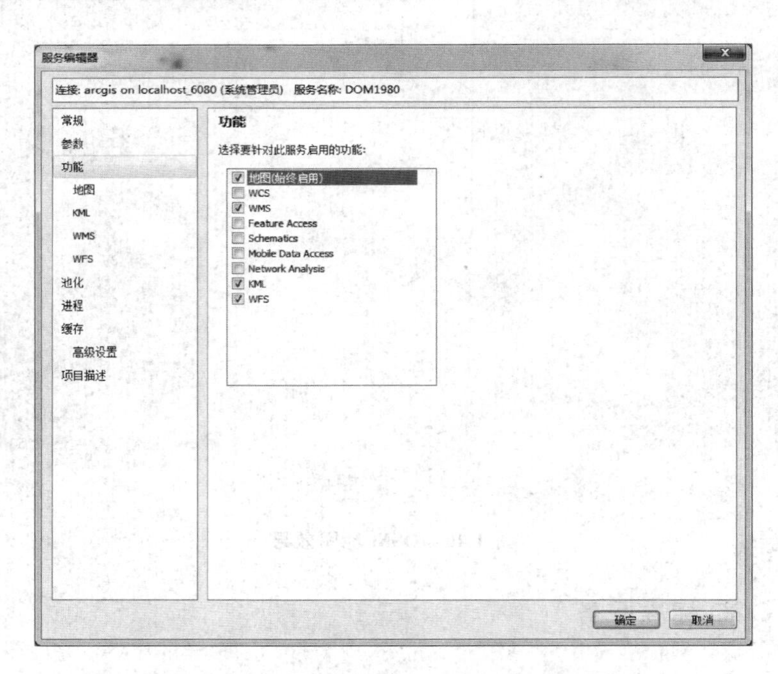

图 4-41 在服务编辑器中可以查看 OGC 服务

4.5.6 GraphicsLayer

GraphicsLayer 是一种客户端图层,并不对应到服务器端的某个地图服务,用于在客户端展现各种数据,如绘制的图形、查询返回的结果等。GraphicsLayer 在客户端数据表达方面有非常重要的作用,它可以根据各种请求动态地在客户端显示一些符号化的几何对象——Graphic。

在使用 GraphicsLayer 的时候,我们可以新建一个图层对象,也可以使用地图默认的 GraphicsLayer,默认对象通过 Map. graphics 获取。

GraphicsLayer 经常和 Draw 工具搭配使用,GraphicsLayer 用来将 Draw 工具绘制的图形进行显示和符号化。

在 GraphicsLayer 图层上还可以响应一些事件,比如鼠标单击、双击、移动等,单击事件在我们要查看某一个具体的 Graphic 的时候很有帮助。

(1)GraphicsLayer 的主要方法(表 4-37)

表 4-37　GraphicsLayer 的主要方法

方法	说明
add	添加 graphic
clear	清除所有的 graphics
disableMouseEvents	禁止响应鼠标事件
enableMouseEvents	启用鼠标事件
remove	删除某一个 graphic
setInfoTemplate	设置 InfoTemplate
setRenderer	设置图层的渲染器

(2)GraphicsLayer 的主要属性(表 4-38)

表 4-38　GraphicsLayer 的主要属性

属性	说明
graphics	获取所有的 graphics
renderer	设置图层的渲染器

4.6 地图操作

在 ArcGIS API for Javascript 中开发，不仅仅是在 Javascript 中，在 Silverlight 中，Flex 中，或者一些桌面应用程序中，开发者面对的第一个问题就是地图如何显示出来，能否在地图上响应一些事件，以及如何在地图上显示和地图相关的小部件，比如比例尺、书签等，在地图操作这一节，我们着重对这些进行介绍。

4.6.1　地图

在 ArcGIS API for Silverlight 中或者 ArcGIS API for Flex 中，对于地图有一个专门的地图控件，而在 ArcGIS API for Javascript 中没有地图控件这个说法，而是地图对象，也就是我们上面所见到的 Map 对象。但是在使用的时候，将这个地图称之为控件是不为过的，从表现上来看，Map 对象跟 DIV 元素一样，可以容纳其他元素或者对象，不同的是 Map 可以承载图层，而后者不可以。

Map 对象是 ArcGIS API for Javascript 的核心对象，其他控件或多或少都将 Map 对象作为其参数，它主要用于呈现地图服务、影像服务等。一个地图对象需要通过一个 DIV 元素才可以添加到页面中，通常地图控件的宽度和高度是通过 DIV 容器初始化的。Map 对象不仅仅用来承载地图服务和 GraphicsLayer，同时还可以监听用户在地图上的各种操作事件，并做出响应，Map 对象提供了非常丰富的事件，使用这些事件，就可以让地图跟用户随心所欲地去交互。

(1)Map 对象的主要方法(表 4-39)

表 4-39 Map 对象的主要方法

构造方法:esri. Map(divId,options)

构造方法在创建一个 Map 对象时必须传入 DIV 元素作为其容器,此外这个构造方法还包括一系列可选的参数用来描述地图的相关行为,下面几个为常用的可选参数。

extent:如果设置了该选项,一旦这个选项的投影被设置,那么所有的图层都在定义的投影中绘制。

logo:是否显示 ESRI 的 logo。

wrapAround180:是否连续移动地图,即通过日期变更线,好似对地图横向旋转 360°。

lods:设置地图的初始比例级别。

maxScale:设置地图的最大可视比例尺。

sliderStyle:设置 slider 的样式,值为 large 或者 small。

方法	说明
toScreen/toMap	地图屏幕之间的坐标转换
setScale	设置地图到指定的比例尺
setZoom	设置缩放到指定的地图显示层级
setLevel	设置缩放到指定的地图切片层级
setExtend	设置地图显示范围,常用于进行地图的平移操作
disablePan	禁止使用鼠标平移地图
removeAllLayer	移除所有图层
addLayer	添加图层
getBasemap	获取底图
getLayer	根据 id 获取图层
getLayerVisibleAtScaleRange	获取某一比例尺的可见图层(图层数组)
getScale	获取当前的比例尺
hidePanArrows	隐藏移动时候的鼠标箭头
hideZoomSlider	隐藏放大滑块
panRight	向右平移
panUp	向北平移
removeAllLayer	移除所有图层
removeLayer	移除指定图层
reorderLayer	改变图层顺序
reposition	复位地图,该方法在地图的 DIV 被复位的时候要用到
setTimeExtent	设置地图的时间范围
setTimeSlider	设置和地图关联的时间滑块
SetZoom	设置放大级别
ShowPanArrows	显示平移箭头
showZoomSlider	显示放大滑块

(2)Map 对象的主要属性(表 4-40)

表 4-40 Map 对象的主要属性

属性	说明
autoResize	如果浏览器窗口或 ContentPane 填充的地图控件的大小调整了,地图是否自动调整大小
attribution	地图属性
fadeOnZoom	在地图进行缩放时,是否启用淡入淡出的效果
extent	地图外包矩形的范围,即四个角点坐标范围
force3DTransforms	是否启用 CSS3 转换
infoWindow	在地图上显示消息框
isClickRecenter	按住 Shift 键,在地图上单击鼠标左键,是否将该点设为地图中心
isDoubleClickZoom	双击鼠标左键,是否进行放大地图操作
isPan	设置地图是否可以用鼠标移动
spatialReference	获取地图的空间参考信息
isKeyboardNavigation	是否用键盘上的"+"和"−"导航地图
isRubberBandZoom	是否启用橡皮筋缩放模式
isScrollWheelzoom	是否允许滚轮进行缩放操作
isShiftDoubleClickZoom	按住 Shift 键,在地图上双击鼠标左键,是否将该点设为地图中心的同时进行缩放操作
geographicExtent	地图的地理坐标范围(只支持 Web 墨卡托)
layerIds	地图已加载的图层 ID 列表
loaded	地图控件是否已加载完成
graphics	获取地图的 GraphicsLayer
position	地图左上角坐标
root	容纳图层、消息框等容器的 DOM 节点
showAttribution	是否允许显示地图属性
snappingManager	捕捉管理器
isZoomSlider	设置或者获取地图的放大滑块状态(true 和 false)
layerIds	获取地图的图层 ID(数组)
navigationMode	设置或者获取地图的导航模式
timeExtent	地图的时间范围

(3)Map 对象的主要事件(表 4-41)

表 4-41　Map 对象的主要事件

事件	说明
onExtentChange	地图范围改变时发生
onBasemapChange	地图的底图变化时发生
onLoad	当第一个图层或者底图被添加到 Map 中时发生
onClick	在地图上单击时发生
onLayerAdd	当图层添加时发生
onLayersAddResult	当所有图层都添加完成后发生(调用 map. addLayers 方法之后)
onLayersRemoved	当所有图层都移除后发生
onLoad	当第一个图层或者底图加载成功后发生
onMouseDown	当鼠标在地图上单击时发生
onMouseMove	当鼠标在地图上移动时发生(在这个事件中经常用来获取 X,Y 坐标)
onMouseOut	当鼠标移出地图时发生

4.6.2　导航

Navigation 用于控制地图导航操作,支持平移、缩放以及视图回退和前进等操作。

(1)Navigation 对象的主要方法(表 4-42)

表 4-42　Navigation 对象的主要方法

构造方法:esri. toolbars. Navigation(map) 创建导航对象,传入一个 map 对象作为参数,无可选参数。	
方法	说明
activate	激活导航,覆盖地图的默认导航 overrides default map navigation
deactivate	取消导航,重新激活地图的默认的导航
isFirstExtent	是不是第一个范围
isLastExtent	是不是最后一个范围
zoomToFullExtent	放大到底图的全部范围
zoomToNextExtent	放大到下一个历史范围
zoomToPrevExtent	放大到上一个历史范围

(2)Navigation 对象的主要事件(表 4-43)

表 4-43　Navigation 对象的主要事件

事件	说明
onExtentHistoryChange	当历史范围变化时发生

(3)Navigation 导航示例(图 4-42)

```
function createNav()
{
        nav  = new esri.toolbars.Navigation(Map);
}
function  full()
{
    Nav.zoomToFullExtent();
}
Function  next()
{
    Nav.zoomToNextExternt();
}
function pre()
{
Nav.zoomToPrevExtent();
}
```


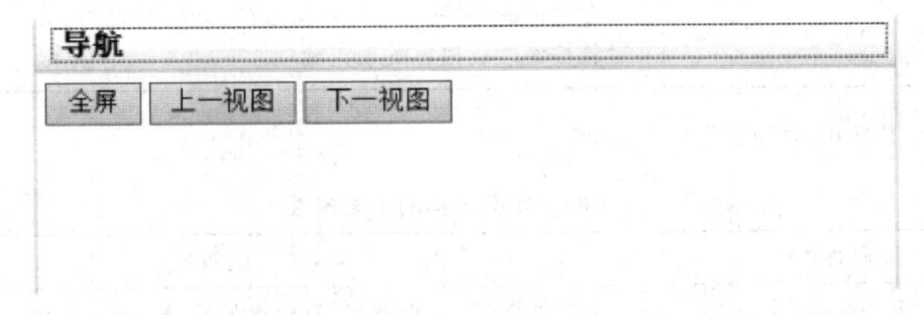

图 4-42　导航示例

4.6.3　Navigation 绘图

在地图上进行绘图操作，主要是借助于 Toolbar 上的 Draw(绘图)工具，绘图工具支持几何对象的创建。但是如果要对现有的几何对象进行编辑则要使用上面提到的 Edit Toolbar。绘图工具支持点、线、面的绘制，包括点(点或多点)、线(线、折线或徒手画的多段线)、多边形(徒手多边形或多边形)或矩形(Extent)。使用绘图工具时常常伴随鼠标的操作。鼠标行为当绘图功能，对于不同的几何对象，鼠标的操作也有所不同。

点:点击添加一个点。

多点:点击添加点，双击添加多点的最后一个点。

多线和多边形:点击添加顶点，双击添加最后一个顶点。

徒手折线和徒手画的多边形:从按下鼠标开始绘制，到释放鼠标画完。

(1)绘图工具的主要方法(表 4-44)

表 4-44　绘图工具的主要方法

构造方法:esri. toolbars. Draw(map,srcNodeRef) 构造方法在创建绘图对象时需要传入地图对象以及一些可选参数,以下几个为常用的可选参数。	
drawTime:在使用徒手工具的时候,多长时间可以添加下一个点。 showTooltips:是否显示提示。 tolerance:使用徒手工具的时候设置添加下一个点的容差。 tooltipOffset:设置 ToolTip 的偏差位置。	
方法	说明
activate	激活绘制图形的类型,点、线、面等
deactivate	取消激活的绘制工具
finishDrawing	绘制结束并导致 onDrawEnd 事件发生
setFillSymbol	设置面的符号
setLineSymbol	设置线的符号
setMarkerSymbol	设置点的符号
setRespectDrawingVertexOrder	设置为 true,绘制的几何对象不被修改;设置为 false,绘制的几何对象被修改成拓扑关系正确项

(2)绘图工具的主要属性(表 4-45)

表 4-45　绘图工具的主要属性

属性	说明
fillSymbol	获取或者设置面或者 Extent 的符号
lineSymbol	获取或者设置绘制线条的符号
markerSymbol	获取或者设置绘制点或者多点的符号
respectDrawingVertexOrder	是否设置绘制的图形拓扑正确

(3)绘图工具的主要事件(表 4-46)

表 4-46　绘图工具的主要事件

事件	说明
onDrawEnd	当图形绘制结束时发生,通常在该事件中获取绘制的几何对象

4.6.4　图形编辑

对地图上显示的图形元素(Graphic)的几何对象进行编辑要借助于编辑工具条(Edit-

Toolbar)，编辑工具条不是一个可视化的用户控件，而是一个用来帮助编辑的类，它提供了移动图形或编辑现有几何对象的功能。如果要添加几何对象，就要使用绘图工具条(Draw Toolbar)。使用编辑工具条的时候常常伴随鼠标的操作，使用鼠标可以移动要素，对现有的几何对象添加点、删除点以及对几何对象进行旋转和缩放操作。

(1)编辑工具的主要方法(表 4-47)

表 4-47　编辑工具的主要方法

构造方法：esri. toolbars. Edit(params，srcNodeRef) 构造方法在创建绘图对象时要传入地图对象以及一些可选参数，以下几个为常用的可选参数。	
allowAddVertices：是否允许增加节点。 allowDeletevertices：是否允许删除节点。 vertexSymbol：绘制节点的符号，仅支持 polyline 和 polygon。	
方法	说明
activate	激活工具并编辑传入的 graphic
deactivate	取消激活编辑工具，一般用于 graphic 编辑结束后
getCurrentState	获取当前的一些状态，如编辑的 graphic，graphic 是否被修改了，以及当前的编辑工具

(2)编辑工具的主要事件(表 4-48)

表 4-48　编辑工具的主要事件

事件	说明
onActivate	激活编辑工具并禁用地图导航
onDeactivate	取消激活编辑工具并激活地图导航
onGraphicClick	当一个 graphic 被单击时发生，只有当移动工具被激活的时候才可用
onGraphicMove	Graphic 移动时发生
onRoateStop(graphic，info)	旋转停止时发生
onScaleStop	缩放停止时发生
onVertexAdd	添加节点时发生
onVertexClick	单击节点时发生，当编辑节点工具激活时才可以用
onVertexDelete	节点删除时发生

参 考 文 献

[1] 兰小机,刘德儿,魏瑞娟.基于 ArcObjects 与 C#.NET 的 GIS 应用开发.北京:冶金工业出版社,2011.

[2] 百度文库. ArcGIS_Engine 二次开发——基础篇. https://wenku.baidu.com/view/3cd787e53968011ca20091bb.html,2016.

[3] 百度文库. ArcGIS-Engine 二次开发——提高篇. https://wenku.baidu.com/view/80fc027376a20029bc642d1b.html,2015.

[4] ESRI 中国信息技术有限公司. ArcGIS10.1 产品白皮书,2013.

[5] 易智瑞(中国)信息技术有限公司. ArcGIS API for Javascript 开发教程,2013.

[6] 汤国安,杨昕.地理信息系统空间分析实验教程.2 版.北京:科学出版社,2012.

[7] 余明,艾廷华,等.地理信息系统导论.北京:清华大学出版社,2009.

[8] 黄梯云.管理信息系统.3 版.北京:高等教育出版社,2005.

[9] 龚健雅.地理信息系统基础.北京:科学出版社,2001.

[10] 刘南,刘仁义.地理信息系统.北京:高教出版社,2002.

[11] 陈述彭.地理信息系统导论.北京:科学出版社,2000.

[12] 黄杏元.地理信息系统概论修订版.北京:高等教育出版社,2005.

[13] 刘方鑫.数据库原理与技术.北京:电子工业出版社,2002.

[14] 罗超理,李万红.管理信息系统原理与应用.北京:清华大学出版社,2002.

[15] 朱述龙.张占睦.遥感图像获取与分析.北京:科学出版社,2000.

[16] 郝力等.城市地理信息系统及应用.北京:电子工业出版社,2002.

[17] 李国斌,汤永利.空间数据库技术.北京:电子工业出版社,2010.

[18] Michael Zeiler. Modeling Our World: The ESRI Guide to Geodatabase Concepts. ESRI Press,2000.

[19] ESRI Inc. ArcGIS9-Editing in ArcMap. Redland CA,2004.

[20] ESRI Inc. ArcGIS9-Building a Geodatabase. Redland CA,2004.

[21] ESRI Inc. ArcGlS10 Help,2010.